U0044383

台灣美食
餐廳大賞
吃遍人氣餐館49+
作者／中衛發展中心　台灣美食推動服務團隊
總審校／陳明禮

CULMEN DE LAN
94
POINTS
CULMEN
RESERVA
2005
Rioja
LAN
75cl
Produce of Spain
LAN
RIOJA
GRAN RESERVA
Embotellado en la Propiedad
2003
ESTATE BOTTLED
BODEGAS LAN S.A. FUENMAYOR, ESPAÑA
13,5% vol. 75 cl.
BODEGAS
LAN

推薦序

堅持完美　造就經典

做菜，看似簡單，但要能讓人讚不絕口甚至回味無窮，那可真得下一番工夫不可；開一家餐廳好像也不難，只要有資金、店面，就可以一圓老闆夢，但是，要想在競爭激烈的餐飲市場上占一席之地，甚或能屹立數十年而人氣不墜，那也絕非偶然或僥倖可得。

從小得自母親的薰陶，讓我對料理自有一番講究，不論是食材的挑選或是烹調的步驟都毫不馬虎。當我看完了《台灣美食餐廳大賞—吃遍人氣餐館 49 家》一書，心中實是大受感動，因店家對美味的堅持而感動；因主廚精益求精的學習精神而感動，因店家對傳承古早滋味的心意而感動、更因店家努力發揚台灣美食文化的使命感而感動。

一頁一頁翻著書，不時看到諸如「煎豬肝時，新鮮的豬肝買回來，每片的厚度要切得一樣，煎得時候才不會熟度不均……」、「滷肉用的是整隻豬最好的豬頸肉，切成寬 3 公分、長 3 ～ 5 公分的肉條，再以小火熬煮 4 ～ 6 小時，每 15 分鐘還要濾掉多餘油汁……」、「凌晨兩點，採購人員就忙著到魚市、菜市場採買最新鮮的食材……」、「嫩煎鴨胸用的是口感不輸進口鴨的台灣櫻桃鴨，但油封鴨腿則因台灣櫻桃鴨腿油封處理過後，肉質較乾柴，而堅持使用進口鴨腿……」、「為了展現檸檬清蒸魚的鮮美，對於魚的大小重量，都有規定，至於空心菜，不只選擇有機耕作的品種，對於菜梗的直徑，以及切段的長度，也都相當講究……」等等文字敘述，書中的每一家餐廳對於自家料理都是如此一絲不苟、注重細節，在同樣具有專業經驗的我看來，這樣的堅持實在是十分難得的。也就是這種執著的態度，才能造就出一道道經典美味。

很高興看到這樣的一本書出版，它不僅僅是提供了消費者大快朵頤的美食情報，更讓消費者看到了店家經營的用心，稱它們為星級餐廳，亦是對它們最好的肯定。

烹飪名師 程安琪

推薦序

屬於台灣的星級餐廳評鑑

這十幾年來美食逐漸成為民眾生活關注的焦點，也成了大家熱愛討論的話題，也讓台灣餐飲市場樣態百家爭鳴，競爭風起雲湧，許多競賽、評選也是一波接一波，許多人問我到底那一個評鑑才是最好，我都笑笑回答，只要用心做，公平又公開，多些評鑑出現不是更好嗎？越多主觀客觀的評鑑出現，越能平衡並展現台灣餐廳水平的樣貌；當然，越大規模的評鑑，越需要更多人力及財力的投入，也更能鼓勵餐飲業者認真經營。

這次經濟部商業司評選出來的優質餐廳，其實只是起步，納入的評審人數及多元背景都是少見，所耗費的心力更是驚人，我相信，這個評選依舊有不完美之處及遺珠之憾，但由官方出面評鑑，畢竟意義不同，且對商家的肯定更具公信力；如果可以持續下去，相信更能展現影響力，我是樂觀其成。

現在中衛發展中心積極聯繫其中 49 家優質餐廳，出版介紹，可以說是又向前跨出了一大步，這些餐廳無關名次或星級，有老字號經典名店，也有極具特色的人氣餐廳，他們的環境、服務、食物等等都讓評審給予極高評價，值得給這些努力的業者更多掌聲，也希望這個起步，有一天能成為我們台灣自己真正的星級餐廳評鑑。

中廣節目主持人

2007
PINOT NOIR

推薦序

美味餐廳最佳指南

中衛中心承辦經濟部商業司優質餐廳評選已經有好幾年的時間了，我也曾經參加過兩次，評選的過程相當嚴謹，在有限的經費之下，力求公正為消費者把關。他的精神跟法國的知名星級餐廳評鑑是相同的。食物一定要顧到衛生好吃、餐廳的環境氛圍也要達到一定的要求、服務人員的品質訓練也是這個評選的重點。

我喜歡這本書的原因是其中收錄了許多我愛的餐廳，像是宜蘭的渡小月餐廳、掌上明珠、麟手創料理、台北的欣葉餐廳、台中 Hotel ONE 頂餐廳、南投的金都餐廳、台南的阿霞飯店等等。市場上的美食書相當的多樣，從市場夜市小吃到高級餐室琳瑯滿目，但這本書真的很適合買回家留存參考。原因有二：

一、本書嚴選的店家多半為口碑流傳的經典店家，這些店在營運上，力求精益求精，菜單上除了招牌菜色外，還不斷地推陳出新，務必讓餐廳在穩定中成長。不會發生有些美食書的店家，今天被介紹，過一陣子就暫停營業的窘境！

二、常常有網友反映，被推薦的餐廳，他們去吃的時候覺得沒有很理想，在我了解之後發現，通常看別人在餐廳吃很好，可是自己去的時候不會點菜，也會是敗興而歸的原因之一，本書每一家餐廳介紹都有附上饕客必點的推薦菜色，大家不妨就帶著書到餐廳，照著介紹來點菜，就萬無一失了。

希望讀者們都能充分享受本書介紹的美味！

美食部落客 徐天麟

出版序

感動人心的多元化台灣美食餐廳

吃，是民生大事，所謂「民以食為天」，而台灣美食更是豐富多元、百家爭鳴。餐飲市場競爭激烈，每年新開的店不知凡幾，有的或許能造成短暫風潮，更有的只是曇花一現，但其中也有許多店家能以其獨具特色的美味，不僅成功地吸引了消費者的青睞，甚或成為國際觀光客來台朝聖的目的之一。

中衛中心一向對推動餐飲產業發展不遺餘力，在與業者接觸過程中，我們深刻體會到了許多業者的經營用心。看著他們對美味的堅持執著、對細節的一絲不苟、對台灣美食傳承的努力付出，實在令人感動不已，也促成我們出版《台灣美食餐廳大賞—吃遍人氣餐館 49 家》一書，除了向消費大眾推薦台灣頂尖的美食餐廳，也是對這些業者一步一腳印、踏實經營的肯定與鼓勵。

一間餐廳的成功絕非偶然更非易事，從食材挑選、創意發想到服務品質，需要通過層層考驗才能成就好口碑。綜觀書中嚴選的經典餐廳，業者的經營之道都不是以賺錢為唯一考量，選擇最適合、最優質的食材；為了呈現菜色的最佳口感做工絕不偷懶，把每一位客人當成是自己的家人、朋友般，以分享的心意烹調每一道料理。顧客來此不僅是飽餐一頓，每一次的用餐過程都將是一段愉悅的美食記憶。

《台灣美食餐廳大賞—吃遍人氣餐館 49 家》一書共分台灣好味、異國風味、家鄉原味、多元美味四個篇章，介紹的餐廳都具有獨樹一格的魅力，不論是親切樸實的平民小吃、經典傳統的手路菜（私房菜）、令人懷念的家鄉味、驚喜十足的創意美味，都值得一嘗。衷心期望看過本書的讀者，有機會光顧這些餐廳時，大快朵頤之餘，能細細品味店家始終如一的心意，而有志從事餐飲業的業者，也能夠從中得到啟發，師法這些餐廳的成功經驗，提升台灣整體餐飲業的水準。

中衛發展中心　董事長

總編輯序

評選面面俱到，嚴選台灣優質餐廳

隨著台灣餐飲業的蓬勃發展，與餐飲業相關資訊也變得更加多元而充實，舉凡電視台的美食節目、報章雜誌與書籍的美食店家薦舉、美食饕客網誌等林林總總，令人看了無不眼花撩亂。不論您想吃什麼類型的料理，或想找哪個區塊的店家，都可以恣意在網海裡找到滿盈的資訊，而一些所謂的人氣店家，更是網路鄉民交相推文的話題熱點，圖文並茂不說，彼此你一言我一語的，討論得沸沸揚揚，好不熱鬧。

正因為隨處充斥著虛虛實實、良窳不齊的餐飲資訊，更突顯具公信力之餐廳評選機制建構的急迫性與重要性，例如國際知名的星級 Red Guide 餐飲指南，消費者大可安心、快意的前往這些被打包票的餐廳大快朵頤一番，因此建構這項評選認證制度，無異為國內優質餐廳樹立了尖子標竿，更為店家注入暢旺的商機與人氣。

鑑此，經濟部商業司自民國 96 年起，推行台灣優質餐廳評選認證制度，評選基準除了需具備衛生、乾淨等基本條件外，並以菜餚、服務與環境等三項主要指標進行客觀評比，再以秘密客實地訪查方式，以確保評比過程之嚴謹與公平性。而評選出的年度台灣優質餐廳，將與台灣美食 Gourmet TAIWAN 標章結合，藉此評選活動強化寶島餐飲業整體品質，作為國內、外人士美食餐飲消費之絕佳參據，獲得認證的優質餐廳也將能輕易獲得國際旅客的青睞與好評。

中衛中心去年出版《美食帝國！台灣》，敘述 26 家台灣餐飲企業的傳奇故事；今年中衛希望以貼近消費者的觀點來出版《台灣美食餐廳大賞─吃遍人氣餐館 49 家》，本書所介紹的餐廳包含了各種不同類型的料理，他們全部都是通過 100 年度台灣優質餐廳評選認證的店家，無論是在菜餚、服務、環境上，都通過了秘密客們極為挑剔嚴苛的審查。中衛中心衷心期盼藉由本書指引，能讓更多消費者對這些優質餐廳有全新的體認，並藉此提升台灣優質餐廳評選認證的公信力與知名度，進而使台灣美食能堂堂躍上國際美食饗宴的閃亮舞台。

中衛發展中心　總經理 蘇錦夥

Contents

3 家鄉原味 一口一口解鄉愁

4 多元美味 好味道不只一種

台灣好味

日月潭
富豪群水果餐

創意十足　健康繽紛上桌…

水果入菜不稀奇，但是能夠更細緻的和各種食材搭配，讓水果餐成為國家宴請外賓首選，可就不容易了。然而，這樣的創意與美味，並非來自於有數十年經驗的大廚，也非來自國外擁有好幾顆米其林星等餐廳的主廚，而是一對平實的夫妻，秉持著對美食的熱情，以及對食材的堅持，在台灣中部的南投，發想出一道道讓人驚喜的水果餐。

南投縣魚池鄉日月村水秀街 8 號

(049) 285-0307

營業時間：事先預約

價　　位：平均每人 500 元，
簡餐 220 ～ 280 元，加 10%服務費

刷　　卡：可

網　　址：fhsml.idv.tw

有堅持　選擇當令水果

水果餐的構想其實全來自於民宿女主人對飲食的堅持與創意。對富豪群的女主人來說，美食，不僅僅是美味，還得要健康，因此油炸類的料理，絕對要避免，其次，料理的美也來自於顏色，因此五彩繽紛的水果，正是讓每道佳餚增加色彩的最佳顏料。

但是水果的風味強烈，怎麼和大家熟悉的料理做搭配，也是一門學問。首先，不論哪一種水果，甜度是首要的篩選標準，才能和其他食材相互襯托。也因此，選擇水果也得順應大自然，非當季的種類不使用，所以水果餐無法有固定的菜式，甚至有的料理要是採買不到品質好的水果，就算想吃也吃不到，因為堅持的老闆夫婦，不願意拿品質較差的水果來充數。

除了水果精挑細選之外，其他的食材也抱持著同等嚴謹的態度。豬肉，必須是當天宰殺的溫體豬肉，才有肉香；南投盛產的香菇，也挑選比較肥厚、品質較好的等級；蔬菜也是選擇高山種，以各種優質的食材自身的美味加上創意，難怪能夠風靡十幾年，就連外交部也曾在此宴請邦交國的元首呢。

有特色　古式炭烤火鍋

富豪群還有一個獨家料理，那便是古式炭烤火鍋。用大家都很熟悉的煙囪式火鍋，以炭火為加熱來源。將近 20 種的火鍋料中，只有貢丸與花枝丸是再製品，其他包括新鮮香菇、番茄、菱角、高山蔬菜、冬瓜以及海鮮等，都是新鮮天然食材，可讓湯頭隨著熬煮時間增加而更添風味。所以享用這古式碳烤火鍋，可得拿出慢食的精神，因為，湯頭的美味可是會隨著食材的加入而更加豐富。

除了獨家的水果餐之外，富豪群也不忘在地食材的特色。餐廳裡的總統魚用傳統清蒸的方式，也相當鮮美，另外，也有融入原住民食材的菜色，刺蔥豬肉使用的刺蔥，便是原住民經常使用的食材之一。

富豪群主要以合菜的方式供餐，少至 3 ～ 4 人，多到 16 人，都難不倒老闆和老闆娘，不過人多一點，就可以同時享用水果餐和古式炭烤火鍋。所以，快點揪一群好朋友們，一起到美麗的日月潭來趟旅行，到富豪群享受一下只有南投才有的獨家料理。

水果肉類巧搭配

水果和食材的搭配，並非毫無根據。老闆說，海鮮類的食材，適合搭配帶點酸味的奇異果，蘋果與鳳梨則特別適合與肉類做搭配，同樣風味濃郁的芒果、釋迦，則是南投名產香菇的最佳夥伴。

饕客必點

柑橘炒蛋

炒蛋是大家熟悉不過的料理，甚至有的人自己就能把蛋炒得又香又滑，不輸外頭的餐廳。不過，富豪群將這道簡單的家常料理，搭配橘子，而且用得還是茂谷柑，炒蛋的滑嫩口感，和柑橘一口咬下流瀉出的酸甜果汁，創造新的味覺體驗。

水果涼拌透抽

一圈一圈的透抽，圍著一片一片的奇異果，光是這樣的色彩搭配，就讓人胃口大開。以涼拌手法來呈現，彈牙的透抽和軟硬適中的奇異果，口感上的層次已經能帶來驚喜，而奇異果的微酸更同時提出了透抽的甜，吃過這道菜，會讓人佩服主人家對料理的重視與創意。

古式炭烤火鍋

一桌十人以上，富豪群提供的合菜就會包含古式碳烤火鍋了，和味道較為清爽的水果餐相比，火鍋的味道較豐富，也可以增加飽足感，讓同桌的朋友中，想吃清淡的和想多吃點肉的，都可以獲得同等的滿足。除了火鍋，煙囪式的鍋子，還可以順便烤烤肉片，也是一種有趣的吃法。

購買冷凍蝦捲、雪花冰免排隊
請至伴手禮櫃檯選購
周氏蝦捲
暫停受理
暫停受理
酸梅湯

台灣好味

周氏蝦捲

經典小吃　傳香逾半世紀…

台南經典的小吃何其多，但是絕對不能錯過的，其一就是「周氏蝦捲」。這個傳承了五十幾年的好味道，近年來更廣納台南小吃，推出台南小吃國宴，將台南小吃的美味，推向另一個巔峰。

周氏蝦捲

台南市安平區安平路 408-1 號

總店：(06)280-1304
老店：(06)229-2618
台南中山店：(06)225-2270
高雄大樂店：(07)398-4998
高雄大遠百：(07)536-2964
高雄楠梓店：(07)591-1197

營業時間：台南總店，10：00 ～ 22：00，無公休日
台南老店，08：00 ～ 19：00，無公休日
台南中山店，10：00 ～ 22：00，無公休日
高雄大樂店，隨百貨公司營業時間，無公休日
高雄大遠百，隨百貨公司營業時間，無公休日
高雄楠梓店，隨家樂福賣場營業時間，無公休日

價　位：平均每人約 120 元
刷　卡：可
網　址：www.chous.com.tw

原本是總鋪師的創始人周進根先生，在工作之餘和太太做起小吃生意，靠著總鋪師的好手藝，客人源源不絕，除了擔仔麵受歡迎之外，小吃之一的蝦捲，意外地成為食客們的最愛，最後，乾脆就只賣這明星商品，成為五十幾年來台南人心中的人氣美食。

重細節　好味道不走味

蝦捲能夠在當時小吃店眾多美食中脫穎而出，肥美的火燒蝦是關鍵。這個台南地區才有的在地食材，周氏蝦捲特別選擇每公斤 100 尾的新鮮蝦子，每一尾蝦都體型碩大，料理起來肉質多汁，既鮮且脆。而蝦捲外圍

的裹粉，添加了鴨蛋調製，油炸過後更有股獨特的香氣，小小一條蝦捲，吃起來口感、風味層次豐富，難怪可以風靡五十年。

同樣的堅持，也呈現在搭配擔仔麵與魚鬆飯的肉燥上。周氏蝦捲為了配合麵條、白飯不同的口感，堅持選用不同部位的肉品，不嫌麻煩的製作兩款肉燥。多虧這些總鋪師創始人留下來的料理堅持，你我至今才能享受到這傳香多年的好味道。

高人入夢指點

關於周氏蝦捲，據說有一個神奇的典故。創始人周進根先生，在夢裡遇見一位饕客來到店裡，號稱已經嚐遍天下美食，於是身為總鋪師的周進根，勇於挑戰，燒了幾道拿手菜上桌，這位饕客吃過後讚不絕口，但是卻說沒帶錢，願意以一道料理當作報酬。接著，這位饕客手指著一個水缸，水缸立即有無數小蝦被水花捲上，蝦子旁還泛著一層紅光，宛如在火影中不斷跳躍，隨後立即消失。周進根醒後百思不得其解。但某日市場閒逛時靈感乍現，領悟出火燒蝦這項食材，更進一步鑽研，終於開發出數十年來廣受歡迎的蝦捲。

有創新　小吃變身桌菜

在第二代接手經營後，除了現代化的經營管理，菜色上面也有創新與拓展。除了傳統的蝦捲，具有在地特色的白北魚羹、擔仔麵、虱目魚湯、蝦丸湯之外，更研發出獨家口味的花枝丸，以及每一口都充滿海洋氣息的黃金海鮮派，讓老店有了新的創意，新的口味。

除此之外，對於台南小吃，周氏蝦捲也有著一份使命感。第二代經營人周志峯在2004年，便將所有的台南小吃集合起來，規畫成桌菜方式呈現，諸如：炒鱔魚、棺材板、虱目魚丸湯、安平港蚵仔煎、烏魚子、處女蟳米糕等等。堅持在地的最新鮮食材，加上師傅的好手藝，一道道傳統的台南美味輪番上桌，就怕你吃不完。

饕客必點

周氏蝦捲

新鮮的火燒蝦搭配上等豬絞肉、魚漿、芹菜與蔥等材料，充分攪拌混合成餡，經過高溫油炸後，包裹餡料的豬腹膜，融化的油脂再滲入內餡，酥香的口感，豐富的風味，真的讓人很難抗拒。

黃金海鮮派

新鮮的草蝦仁、鱈魚、來自安平港外海的花枝，以及現打的花枝漿組合而成的內餡，經過裹粉油炸後，便是周氏蝦捲人氣直逼蝦捲的熱門菜色。外皮酥脆，內餡鮮嫩多汁，每一口都充滿海洋的味道。

周氏蝦丸湯、魚丸湯

香脆的蝦丸、新鮮虱目魚製成的魚丸，都是每天手工現做，並且經過師傅親手「摔」製，以及冷熱過水的三溫暖洗禮後，才有這顆顆Q彈、咬勁十足的小丸子，是搭配各種美食的最佳夥伴。

台南擔仔麵

來台南，怎麼能不來碗擔仔麵，尤其對周氏蝦捲來說，當年更是靠著擔仔麵起家的，你更不能錯過。五十幾年來口味一點都沒改變，香濃且不鹹不油的肉燥，淋上熱湯麵，香氣十足。

SHIN YEH
台

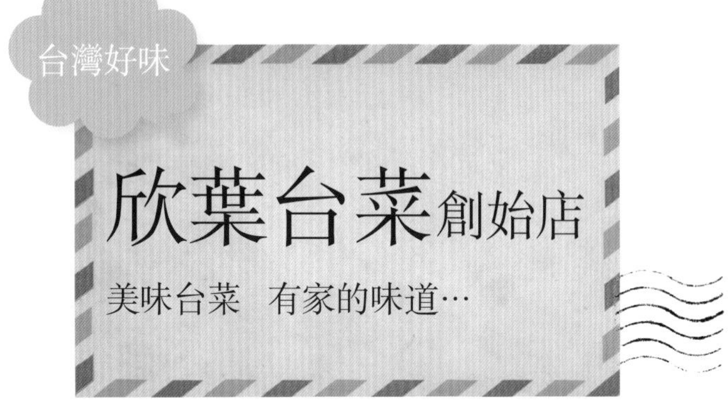

欣葉台菜創始店

美味台菜　有家的味道…

坐在欣葉台菜創始店的一樓等候大廳，熱鬧的用餐氣氛從樓上不斷傳來，進門的客人絡繹不絕，有全家大小前來；有拿著台灣行書本慕名而來的觀光客；有好朋友、好同事一起前來聚餐，小到連筷子都不會拿的小朋友，年紀長到需要靠輪椅上下樓的長輩，都為了欣葉的美味台菜而來。

台北市雙城街 34-1 號（創始店）

(02) 2596-3255

營業時間：11：00 ～ 24：00

價　　位：平均每人 500 ～ 800 元

刷　　卡：可

網　　址：www.shinyeh.com.tw

欣葉
SHIN YEH

一家吸引人的餐廳，有時候不僅僅是菜餚的美味引人入勝這麼單純而已，這些美味還代表著自己生活的這片土地的記憶，每吃一口都重溫著家的味道、媽媽的味道。欣葉台菜，就是這樣的一家餐廳。

有堅持 慢工做出細活

翻開欣葉創始店的菜單時，很容易讓人不自覺地露出微笑，因為一道道記憶中的美味，讓人光是看到菜名就想起了味道。菜脯蛋、煎豬肝、麻油腰花、烏魚子、紅蟳米糕、蚵仔酥、炸豆腐，越看越想全部都來一份。

這些看似簡單的好味道，其實一點也不簡單。看起來又圓又飽滿的菜脯蛋，要有這麼漂亮的形狀與色澤，從食材到烹調過程，都有學問。首先雞蛋，一定得當天新鮮的蛋，不能冷藏，才能烹調出鬆軟的口感，而菜脯，從洗切到脫水就已經得花上半天功夫，還得再在鍋裡，用小火持續不斷的翻炒 3 個小時，才擁有鹹度適中的美味。

看起來也很家常的煎豬肝，新鮮的豬肝買回來，第一道考驗就是師傅的刀工，因為必須每一片的厚度都相同，否則後續的料理過程，會讓豬肝熟度不均勻。沾上薄薄的太白粉後，快速的過油，再放進已經把調味都炒香的炒鍋中拌炒，調味中的紅糖，尚未完全融化的結晶在豬肝的表面慢慢熟化，連老外都愛吃。

還有，充滿古早味的杏仁豆腐，更是讓人懷念。一直到今天仍舊是每天現做的杏仁豆腐，是由好幾個師傅負責在烹煮的過程中不斷攪打，再經過靜置冷卻、冰鎮後，才能夠擁有如此 Q 彈的口感與好味道，這道小小的甜品，不只是餐點最後的美好句點，還充滿著欣葉對料理的堅持。

有魅力　外國人也著迷

不只台灣人喜愛到欣葉來重溫回憶中的美味，許多香港、日本、韓國的朋友們也都慕名前來，想要一嚐台菜的滋味。其中最資深的國外支持者，就屬日本旅客了，欣葉開店多久，服務日本客人的時間就有多久，而這個連日本人都愛的台灣味，遇到嗜辣的韓國客人呢？欣葉會貼心地在桌上放上辣椒醬，出菜時仍舊以台菜的原味風貌呈現，否則其實也就失去了來台嚐鮮的初衷了，不是嗎？像對待家人朋友般的待客之道，讓不論說著哪一國語言的客人，都吃得心滿意足。

這份服務態度，讓人在欣葉吃飯，嘴裡吃著熟悉味道的同時，心情也跟著放鬆起來，一些忠實的老顧客，不只把欣葉當作自家的另一個廚房，過年過節時，有些老客人甚至還會想起這個朋友，順道過來看看打打招呼。而每桌客人在離去時，臉上掛著的滿足笑容，想必就是台菜最大的魅力所在。

饕客必點

八寶紅蟳飯

肥美的紅蟳，幾乎一年四季都吃得到，肉質的鮮美也比較不受時令影響，想吃螃蟹時，就點紅蟳吧。而鋪在底部，噴香又吸滿了螃蟹美味的米飯，是所有台灣人的美食記憶。

煎豬肝

可別小看這道看似普通的料理，要把豬肝煎得上色又具有口感，著實不易。經過多道手續後，看起來不怎麼起眼的煎豬肝，散發著一股熟悉的香氣，讓許多起初不敢吃內臟的外國人，一吃就愛。

香烤烏魚子

過年時才會出現在餐桌上的烏魚子，欣葉料理出來的口感是略略黏牙的奇妙滋味。這道你我熟悉不過的料理，也是讓不少外國旅客來店裡嚐鮮的主要目標。

在101大樓的最高樓層85樓，欣葉台菜把菜脯蛋這道家常料理，推薦給外國客人品嚐；把至今仍舊按照古法製作的杏仁豆腐，端上桌，更在菜單裡安排了一道道有著好多故事可以說的經典古早味。在精緻高雅，如同頂級西餐廳的環境中；在可以俯瞰整個台北市的景觀中，欣葉把最有台灣味的料理，帶進101大樓裡，讓全世界都嚐到台灣的美味。

台北市信義路5段7號85樓之1（台北101大樓）

＊請從101辦公大樓門口進入（非購物中心入口），
現場會有服務人員引導貴賓上電梯至85樓。

(02) 8101-0185

營業時間：11：30～15：00；17：30～22：00

價　　位：平均每人600～1000元，套餐880～3280元

刷　　卡：可

網　　址：www.shinyeh.com.tw

在世界級的地標台北 101 大樓開幕前，101 對於高樓層餐廳的規畫，有著特別的想法，而欣葉台菜當時，在經過多年的努力後，也已經擦亮了台菜品牌，兩者在餐飲上有了交會點，經過長時間的討論與切磋，欣葉打造了前所未有的「101 食藝軒」這個全新的品牌。從空間設計到菜色安排，都以全新的概念出發。

有理想　新台菜精緻化

擁有絕佳視野的 101 食藝軒，空間的安排上，以〈桃花源記〉為靈感，希望成為國內外饕客美食地圖上的桃花源。但是，在中式的古典元素中，也有頂級西餐廳的高雅風格。

除了空間精心結合中西風格，在菜色的安排上，也重新量身打造。為了與空間以及美景相襯，欣葉把所有的料理都更加精緻化。其中，為 101 食藝軒推出的專屬菜色「如意九孔」最能體現。對九孔這個台灣人並不陌生的食材，101 食藝軒主廚捨棄了常用的清蒸、快炒，甚至燒烤的方式，而是把爽脆的高麗菜葉，捲入九孔中，將兩種質地、口感相異的食材，裹在一起捲成如意的形狀，再搭配上台灣味十足的五味醬，成了這道既有精緻美感，又不失道地台灣風味的美味料理。

另一道碧綠干貝酥，更顛覆了想像中的干貝料理。把事先蒸了 2 個小時的干貝放乾之後，切成細絲，再下到油鍋裡炸酥，再放到青翠的菜葉上，佐以菠菜絲與馬鈴薯絲，像蝦鬆一樣用菜葉包起來吃。漂亮又有話題的菜色，讓不少國外饕客印象深刻。

有堅持 老味道不缺席

除了讓人驚豔的新式料理手法，要在 101 這個世界知名的建築物內，發揚台菜的光采，更是欣葉的期待。因此，菜單中除了減少內臟類的料理以符合外籍客人的口味之外，許多道地的台菜，都在雲端的 85 樓重現。

在你我成長回憶中，每當宴客、喜酒或節慶時，餐桌上都不會缺席的佛跳牆，在這裡變成精緻的小碗裝，但美味一點也沒變。家家戶戶過年時桌上一定會有的香烤烏魚子，在這裡也有了精緻的擺盤，多了份高雅。更有早期的酒家菜，雞仔豬肚鱉，這道各別食材需要分頭料理，再組合一起熬煮才能創造彼此交融美味的手路菜，已經很少見了，欣葉為了台菜的傳承，也在 101 食藝軒的菜單中安排了這道料理。

當然，別忘了來份菜脯蛋、杏仁豆腐這些一嚐就會勾起無限回憶的正港台灣味。101 食藝軒還特別規畫了套餐，從冷盤到甜點，有主食也有海鮮，如果你打算宴請國外朋友，套餐是很好的選擇，而且碗粿、潤餅、粽子等台灣風味小吃，只有在套餐裡才有呢。

另外，在 101 食藝軒的菜單上，有原住民圖騰做裝飾，包廂內也以原住民的元素妝點，把原住民文化也包納進來，讓人感動。101 食藝軒更新了台菜的風貌，既有創新的表現手法，也擁有傳統好味的技藝，希望每位在這裡用餐的外國朋友，都能藉此感受到台菜的美好。

欣葉冷三盤

以滷杏鮑菇、軟絲以及蘆筍組合而成的欣葉冷三盤，三種料理的顏色、口感、質地與口味，都搭配得剛剛好，在透過西式的擺盤方式呈現之後，看起來雅致高貴，但是吃在嘴裡，那股懷念的味道，依舊不變。

魚翅佛跳牆

佛跳牆的豐盛，已經成為台灣宴席中不可缺少的要角。集結了所有高級食材的這盅湯品，以精緻小盅呈現，但是該有的食材一樣也沒少，該有的美味一點也沒變，卻可以吃得更優雅。

處女蟳

台菜餐廳不可缺少的海鮮料理中，螃蟹更是經典的必點菜餚，記得在秋天蟹正肥時，來這裡嚐嚐膏多肉肥，無敵鮮美的清蒸處女蟳。

金都餐廳

愛鄉情懷　催生美食饗宴…

希望讓埔里人有個宴客時有面子的餐廳，在這個單純的想法之下，誕生了「金都餐廳」。金都餐廳主廚是埔里人，源自於對原鄉的熱愛，所有的主題宴席，都以在地食材為發想，更邀請在地的藝術家參與空間的設計，甚至還替美食注入文化底蘊。如今，不只是一個在地人宴客時的大餐廳，更是以特色料理聞名全台的熱門餐廳。

南投縣埔里鎮信義路 236 號

(049) 299-5096

營業時間：午餐 11：00～14：00；晚餐 17：00～20：00

價　　位：平均每人 350～400 元，套餐 800～1200 元

刷　　卡：可

網　　址：www.puli-eating.com.tw

與在地緊密結合，可以說是金都餐廳的最大特色。1995 年與埔里酒廠一起研發推出的紹興宴，揚名全台，更成為金都的經典代表作。這場紹興宴，可不只是紹興酒與食材加在一起所產生出的火花而已，設計之初就設定要結合文學、美酒與美食，賦予在地的特色食材豐厚的文化與精彩的故事。因此，當地藝術文化工作者王灝、黃豆北、鄧相揚，以及埔里酒廠企劃人員等人一起參與，創造了新的飲食風潮，也重新打響了埔里酒廠的名號，再度成為觀光熱門景點。

有特色　主題餐贏掌聲

以紹興宴開啟了主題餐的創意，金都也更確定了餐廳的方向，不斷地繼續結合地方特色食材，開發出邵族宴、梅宴、筊白筍大餐、百花宴等等，

鄰近 13 鄉鎮，由大地孕育出來的在地食材，有筍子、野薑花、牧草心、百香果等等，就像是取之不盡用之不竭的創意來源，每一種食材都激發著料理的創意。

近年來，金都餐廳的一項創新，更讓倪匡讚不絕口，甚至親自題字稱讚。讓倪匡大讚的料理是紹興宣紙蔗香扣肉。「此扣肉為七十年來僅見！」這就是倪匡留下的讚許，扣肉的美味已經不需多言。然而這道料理，其實還包含著金都餐廳與廣興紙寮的共同努力。

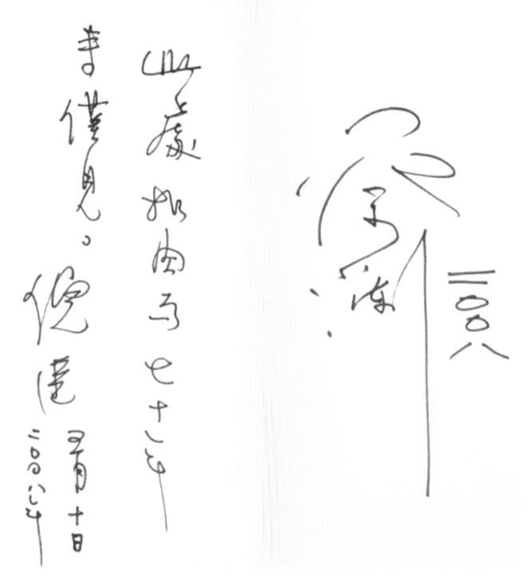

有創意　食用紙很驚豔

廣興紙寮是埔里地區具有歷史的造紙廠，已經成為在地的文化之一，而和金都餐廳一同合作的，是開發讓人意想不到的可食用紙。原本以為是不可能的任務，但是在不斷的努力下，金都餐廳現在有一系列以這種食用紙開發出來的美味料理。有把紙當做容器的五行魔術鍋、宣紙扣肉，甚至用來做成玫瑰花紙野菜捲、紙飯糰等等，都讓全台灣的饕客驚豔。

這些美味的推手，來自於本身也是埔里人的劉廚藝總監，在金都餐廳裡從最基層做起，雖然數度離開，但是對於自己家鄉美食的了解，讓鄉土美食成了他最擅長的項目，幾個金都餐廳的知名主題宴，從紹興宴到創意紙料理，都是出自劉廚藝總監的手，他更是 2002 年時招待宏都拉斯總統的國宴主廚。

有巧思　鄉土之美盡現

金都的在地性也巧妙地融合在餐廳空間規畫裡，店裡的每個包廂，都以埔里當地的老地名命名，例如：日月潭廳、水沙連廳、茄苳腳廳、虎仔耳廳、牛睏山廳，許多來店用餐的老埔里人，一看到就倍感親切，而外地來的朋友，更可以藉此更認識埔里這塊土地。

此外，金都餐廳也將藝術加入美食體驗中，鄉土藝術家王灝先生應餐廳之邀，創作一系列表達埔里地區居民樸實生活的創作，最新規畫的四間包廂更是以廣興紙寮的特色手工藝紙為主題，讓來這裡用餐的饕客，嘴裡吃得到埔里的味，眼睛裡看得到埔里的美，每個人都能享受一頓充滿藝術與文化的美食饗宴。

紹興宣紙蔗香扣肉

這個讓倪匡譽為七十年僅見的扣肉，用的是上等的黑豬肉，肉質本身紮實的口感已經很迷人，再加入在地的甘蔗心與紹興酒，慢火細燉，用著以筊白筍殼製成的宣紙裝盛上桌，帶點豪邁氣息的扣肉料理，成了一道具有文化氣息的絕美料理。

原鄉雙臘香米飯

結合埔里特色食材與原住民文化的這道香米飯，將霧社地區的香米炊熟後，再搭配紹興香腸與臘肉，經過炊蒸後，香腸與臘肉的肉汁紛紛流滲入香米內，香氣逼人，讓人無法抗拒。

花香美人腿

筊白筍是埔里地區的特產，又脆又嫩的口感，是不少人的最愛。金都餐廳不多加調味，將筊白筍燙熟後直接冰鎮，再搭配埔里種植的有機玫瑰花瓣，雪白的美人腿加上鮮紅的花瓣，香氣和配色都讓人讚歎。

【金竹味・阿嬤ㄟ灶腳】
摸(吃)金雞母的吉祥話
發財金雞窯

台灣好味

金竹味餐廳

三合院裡　細品古灶料理…

金都餐廳在埔里成功地打響在地美食料理後，竹山、鹿谷一代的南投鄉親，也不斷鼓勵金都餐廳繼續開設分店。終於在 2008 年，選在金都餐廳董事長林素貞小姐的娘家鹿谷、竹山地區，網羅南投、民間、集集、東埔、竹山、鹿谷這些美麗鄉鎮的特色食材，再度打造一個南投的美食傳奇。

南投縣竹山鎮集山路二段 400 號

(049) 262-2289

營業時間：午餐 11：00 ～ 14：00；晚餐 17：00 ～ 20：00

價　　位：平均每人 350 ～ 400 元，套餐 800 ～ 1200 元

刷　　卡：可

網　　址：www.goldcook.com.tw

一看見「金竹味餐廳」，你一定會發出驚呼，因為所剩不多的傳統三合院古厝，就呈現在眼前，而內部也用竹子、燈籠等傳統元素妝點空間，讓裡裡外外都充滿著濃厚的台灣味。餐廳門口還有隻超大的發財金雞母，這可是老闆依據紫南宮的金雞母特別訂製的，每個來到金竹味的人，也都會來摸一摸，沾沾金雞母的好運。

有特色　阿嬤灶腳重現

當然，結合在地文化特色與食材也是金竹味餐廳的理念之一，餐廳裡有一道菜就叫做發財金雞母，還有討喜的金雞蛋呢。創意發想取自竹山紫南宮，更與蛇窯合作，打造專屬的器具──金雞母陶鍋。把金雞造型的鍋蓋拿起來後，裡面是豐盛的材料，這道充滿香氣的料理，讓每桌客人都沾了福氣，又吃得開心。

餐廳裡還有個特別的安排，就是阿嬤ㄟ灶腳。這個區域設置了好幾個傳統大灶，這些可不只是裝飾品，而是做出一道道具有家鄉味料理的靈魂。一些古早味的菜餚，還真的得用大灶才能做出那股香氣呢。同時負責金竹味餐廳的金都餐廳劉主廚，為了讓自己能夠做出道地的美味，還花時間向當地的阿嬤們請益。他發現古早大灶熱度不像現代化的爐具般集中，因此許多熱炒料理，食材在鍋中拌炒時間會需要久一點，反而讓食材之間的滋味更加的彼此交融，所以為了重現原味，劉主廚在金竹味餐廳，一樣也是以大灶料理。

雖然同是在南投地區，但是不同的鄉鎮區域仍舊有著不同的飲食特色。竹山地區最著名的就是筍子了，當地更有不少以筍子為主角的特色料理，還有自己曬製的筍乾，風味絕佳。劉主廚也向在地的阿嬤們，學會了運用竹子的美味，讓筍香封肉、筍香三寶飯等等傳統料理，美味上桌。

有故事　嘉慶君的菜單

值得一提的是，傳統的鄉土風味料理中，多半因為使用豬油而讓料理更加美味，但是在現代人對健康飲食的要求下，豬油經常不被大家接受。為了顧及正統的風味，具有數十年料理經驗的劉主廚，用自製的三蔥油，亦即取洋蔥、紅蔥和青蔥彼此結合成香氣四溢的調味品，把豬油使用量降低到三分之一，如此一來，有了豬油的香味，又兼顧了健康。

竹山地區還有個有趣的美食故事。相傳嘉慶君遊台灣時，來到竹山一帶遇到盜賊，平安脫險，被當地的羅員外收留，並且送上熱騰騰的熱飯熱菜，給嘉慶君壓壓驚，這些菜餚讓這位吃遍山珍海味的皇帝讚不絕口。端上桌的料理，其實都是尋常百姓人家常做的紅番薯飯、竹筍爌肉等鄉土料理。金竹味，也把這些料理在店裡重現，想享受連皇帝都折服的美味，來趟竹山的金竹味，準沒錯。

發財金雞母與金雞蛋

以竹山著名的紫南宮為創意來源，用在地的美味地瓜、肉質有彈性的土雞，配合通天草，以炭火慢慢燉煮，重現早年農村社會的鄉土美味。再加上新時代的創意以及與當地文化結合而生的金雞母陶鍋，讓這道料理好看也好吃。

筍香三寶飯

劉主廚親自尋訪竹山地區的耆老，討教金錢肉飯的古早味做法。原來過去在大灶裡，將肉和醬油、糖，在鍋裡慢慢煸，而產生的鹹香肉片，因為外型酷似錢幣，因此叫做金錢肉飯，劉主廚更以此為基礎加上竹山地區綿密的紅番薯，成為金竹味裡的筍香三寶飯。

阿嬤ㄟ筍香封肉

大灶裡飄著封肉的香味，因為大灶受熱均勻，而且溫度穩定，在長時間的慢火熬燉中，肉質的鮮甜並不會因為烹調而流失，而且還能吸收鹹香的滷汁，增加風味。這款封肉，搭配在地的鮮筍一起品嚐，風味極佳。

芭達桑

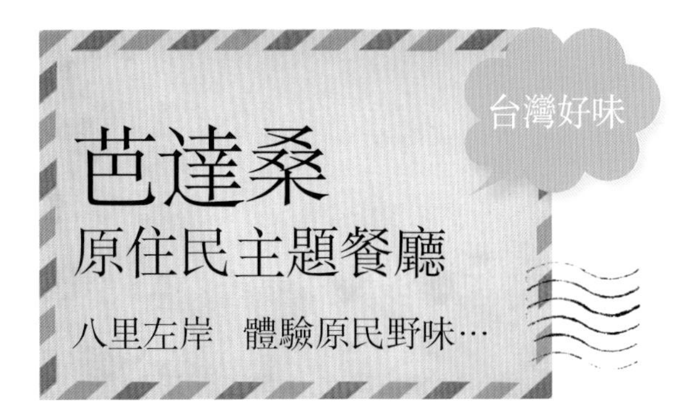

芭達桑 原住民主題餐廳

八里左岸　體驗原民野味…

常有人說，要了解一個文化，最直接的方式，就是從吃著手。想知道法國人為何優雅，走一趟法國餐廳就能明白；想了解義大利的風情，點盤義大利麵也能略知一二。如果想要更深入了解原住民文化，除了親臨部落之外，也可到位於八里左岸的「芭達桑原住民主題餐廳」，透過吃，來了解原住民的生活；透過吃，來體驗一下屬於原住民的山林野味。

新北市八里區觀海大道 111 號

(02) 2610-5300

營業時間：每日 10：00 ～ 22：00

（11：30 開始出餐，21：00 停止出餐）

價　　位：平均每人約 400 ～ 500 元

刷　　卡：可

在八里的觀海大道上，有一整排各式各樣的餐廳，其中最醒目的就屬芭達桑了。巨型的木雕和原木風格的門面，讓人有來到部落的感覺。而走進餐廳內，立刻就被挑高空間中，一棵直挺挺的樹吸引，此外，大量的木頭元素，也讓人有一種回到大自然的感覺，從桌椅到樓梯，全都採用木製，店裡頭也有各種代表不同原住民族的裝飾或圖騰，十足原民風。

有特色　原民專屬食材

既是原民餐廳，原住民專屬的食材絕對少不了。泛泰雅族常用的馬告，又名山胡椒，類似檸檬草的香味，

放進料理中香氣逼人，更棒的是近期有研究發現，馬告對人體非常有幫助，不僅生津止渴還能增強體力。在芭達桑，馬告被拿來蒸魚、煮湯，甚至煮咖啡。另外，還有刺蔥，這是阿美族最喜歡的香料，餐廳裏的刺蔥煎蛋，香氣比起青蔥更強烈也更夠味。除此之外，達悟族的飛魚，也能在芭達桑嚐到，爽快的飛魚小炒之外，芭達桑還把飛魚和馬告，一起做成 XO 醬。想嚐嚐這款 XO 醬的風味，那就點盤加了 XO 醬一起料理的馬告飛魚炒飯吧。

阿拜與吉拿富

在芭達桑的菜單中，有兩道主食類料理，分別叫阿拜與吉拿富，其實這只是不同族群的稱呼而已。特別的是外頭都包裹著假酸漿葉，這片葉子具有幫助消化的功能，即便吃多了，也不會脹氣，台灣南部的魯凱族、排灣族與卑南族都用它來佐米食類的主食。假酸漿葉保存不易，多半在重大節日或舉行慶典時才會使用，所以千萬不要忘了嚐嚐這個道地的美味。

阿拜

吉拿富

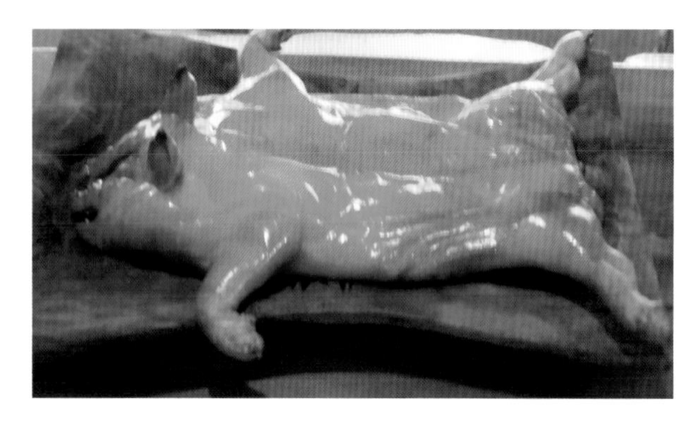

芭達桑原住民主題餐廳，目前主要經營者是賽德克族人，服務人員的制服、原民器具的展示，都是以賽德克族為主，但是仍舊將各個原住民族群的特色與文化，盡力安排在菜色上展現，讓各個族群的美食能夠傳承下來。除了各具特色的料理之外，在烹飪手法上，芭達桑將烤雞產生的雞油，拿來當作炒菜類的調味，如此一來，便可以捨棄味精或其他非天然的調味料。想必是這個料理小祕訣，讓芭達桑不論是不是用餐時間，都有著要大啖原民美食的饕客。

饕客必點

桶子焖放山雞（需事先預訂）

使用運動量大的3台斤重放山雞，以鹽和米酒按摩後，經過45分鐘的燒烤，外皮酥脆，雞肉多汁又嫩，還帶著燒烤的香味。而且，原住民服務人員會在桌邊用最快的速度把雞肉片下，食客可以同時欣賞俐落刀法和享用烤雞美味，讓這道菜成了芭達桑的招牌之一，也是每桌必點的招牌菜。

檜木燒烤山羊腿（需事先預訂）

羊肉到了原住民朋友的手裡，吃法非常豪氣。整隻的羔羊腿，重達3公斤，先用炭火燒烤外皮去掉腥味，再加入小茴香、八角、桂皮、羅漢果等13種中藥滷上2小時，再經過一道炭火烘烤，才能上桌。搭配黃芥茉或辣椒醬，風味獨特，讓人難忘。

黃金脆皮乳豬（需事先預訂）

想體驗百分百原住民的山林野味，一定要預訂這道菜來嚐嚐。你可以只預定某個部位，最受大家歡迎的是肉較多的豬後腿，當然，有辦法找來一票朋友，預定一整隻的烤乳豬，肯定是難忘的經驗。口感結實的豬肉，不柴也不油，烤得金黃的豬皮，沒有油膩感只有香脆滋味。

台灣好味

阿霞飯店

道地手路菜　美食家心儀…

為了家庭生計，吳錦霞國小畢業後，就跟著爸爸在路邊攤做生意，日後也就一肩扛下父親的攤子。不論時局如何改變，阿霞總是做著小吃生意，炸肉丸、大腸、粉腸和蝦捲，都廣受歡迎。日復一日，阿霞漸漸地打響了自己的小吃名號，有了小小店面，最後還開成了餐廳。不管形式為何，做小吃或料理宴客菜，堅持使用台灣食材，端出一道道的手路菜，吃得出台灣的味道，也吃得到台灣的情感，這就是「阿霞飯店」的精采台菜。

台南市中西區忠義路二段 84 巷 7 號

(06) 225-6789，(06) 222-4420

營業時間：午餐 11：00 ～ 14：00；

晚餐 17：00 ～ 20：30

價　　位：平均每人 600 元以上，

桌菜 6500 ～ 13000 元，

須加收 5%服務費

刷　　卡：不可

網　　址：www.a-sha.tw/restaurant

十幾年前，「阿霞飯店」三代一起做紅蟳米糕的情景。

台南阿霞飯店的故事，就像那個年代許多勤墾奮鬥的人一樣，誠誠實實、腳踏實地。做小吃時，就用上台灣最在地的好食材，以最用心的態度製作，給客人的菜色永遠料多味美，用口碑一傳十，十傳百，阿霞飯店就這樣從廟口小吃，變成了餐廳。1960～1970年代，早已傳開的美味，更讓蔣經國總統率著眾家官員下鄉用餐多達三次，重視生活的林語堂先生也曾經親自來品嚐阿霞的美味佳餚。

有魅力　饕客絡驛不絕

到了近代，儘管各種異國料理或新式料理如雨後春筍般出現，阿霞飯店的道地台灣手路菜，仍以其古早的台菜風味吸引著眾多饕客，不遠千里前來，美食家蔡瀾就曾多次組團前來。

四、五十年代，阿霞小吃成了台南最負盛名的餐廳，諸如紅蟳米糕、肝捲、蝦捲、滷豬腳等等家常菜，還有從路邊攤時代就成為招牌的蟳丸、粉腸、醃腸熟肉等等，幾乎都是每桌的必點牌菜。偶有宴客需求的客人，講究菜餚的派頭與氣勢，阿霞也能端出紅燒大排翅、做工繁複費時的雞仔豬肚鱉，紅燒魚翅淋上經典烏醋等等大菜，讓阿霞飯店一度成為宴席菜的代表。

吃過這些經典大菜美味的人，一定都不會忘記淋了五印醋的五柳支多元的滋味。而做工繁複的雞仔豬肚鱉，現在想吃還得仔細地找一下，因為沒多少師傅還能處理這道宴席中最能代表主人家誠意的菜色。如果你還不曾吃過這些古早台菜，那麼你一定要來趟台南，到阿霞飯店吃頓飯才行。

有傳承　三代齊心經營

而阿霞讓饕客最著迷的一道菜，就是烏魚子。每年烏魚子的產季，阿霞飯店會將品質最好的烏魚子採購回來，然後就在自家的頂樓接受陽光的洗禮。當天端上桌的烏魚子，每天一早就會在餐廳門口的炭烤平台，升起炭火，以延續數十年的手藝炭烤，期間飄散出來的香氣，早就已經成為阿霞餐廳的另類味覺招牌。

傳承至今，由第二代經營，除了過去氣派的宴席菜，也隨著社會人口結構的變化，重新設計了份量較為精巧，適合三五好友小聚的菜餚。也加入經營的第三代，則是由為了家族事業到餐飲學校進修的吳健豪，負責掌廚，當然也加入了屬於年輕人的創新菜色。現在的阿霞飯店，兼具古味與新意。

有熱忱　待顧客如朋友

店裡設置了一個玻璃櫃，為的就是維持過去攤頭的感覺。在燈光的照射下，玻璃櫃裡有各式各樣當天現做的料理，紅蟳、處女蟳、白斬雞、煙燻鴨，還有一大盤現烤的烏魚子等等，光是用看的肚子就餓了。

而台灣最熱情的人情味，也在服務的態度上完全展現，所有資深的服務人員，都能按照食客的喜好，推薦出一桌讓大家都滿意的菜餚。即便是國外的觀光客，阿霞飯店也如對待朋友般，小心注意各國不同的口味，做些特殊的調整，讓外國客人能夠更自在的品嚐百分百台灣味的台菜料理。

烏魚子

烏魚子是台灣家庭年節時餐桌必備的佳餚，好吃的烏魚子真的會齒頰留香。阿霞飯店每天現烤的野生烏魚子，不僅提供美味，還別具意義。因為在過去的年代，烏魚子是只有過年才會出現的料理，對老一輩的人來說，象徵著團圓，也象徵著富足。

薑絲花跳魚湯

花跳魚就是野生的彈塗魚，這道現在已經不多見的傳統佳餚，仍然可以在阿霞飯店嚐到。用薑絲和酒就能將野生彈塗魚的鮮味完全展現出來，不論是鮮嫩的彈塗魚肉或是湯頭，都會讓人上癮。

紅蟳米糕

台灣人對這道料理肯定不陌生，更是宴客菜色中的經典。和花生、香菇以及干貝絲一起蒸得香噴噴的米糕上，兩隻肥美的紅蟳排列著。是餐廳內有宴客需求的人的必點菜，因為只要一端上桌，除了美味之外，更多了份氣派。

宜蘭渡小月餐廳

傳承四代　保留古早滋味…

說起位於宜蘭的渡小月，在地人絕對會豎起大拇指，因為今日的渡小月，已經成為傳承宜蘭菜色的代名詞。而對外地人或觀光客來說，要品嚐道地的宜蘭菜，諸如，鴨賞、糕渣、西魯肉等，第一個想到的也是渡小月。從外燴起家的渡小月，經過好幾代的傳承，好味道也一代一代的流傳下來。

渡小月

宜蘭市復興路三段 58 號

(03) 932-4414、(03) 931-4688 ～ 9

營業時間：午餐 12：00 ～ 14：00；
晚餐 17：00 ～ 21：00，
無公休日

價　　位：合菜與單點皆可，平均每人約 500 ～ 600 元。

刷　　卡：可

宜蘭的渡小月於 1969 年成立，第四代掌門人陳兆麟師傅，不只是宜蘭傳統古早味的活字典，更有創新思維，讓每道佳餚都與時俱進，也把過去外燴的家族事業，轉變成餐廳形式，讓更多人可以嚐到這些好味道。

勤習藝　頻比賽學經驗

在過去還沒有餐飲學校的年代，要當廚師只有拜師學藝一途。家裡就是經營餐飲業的陳兆麟師傅，自小就跟在廚房裡學習，20 多歲時，主動到處參加料理比賽，藉著比賽看看其他廚師的創意，也學習經驗，雖然一開始總是和冠軍擦身而過，但是，也因此更有動力，更致力於菜餚的研發與創新。如今，陳師傅也如此鼓勵著店內年輕的師傅，藉著比賽來累積料理經驗，最後受惠的當然就是店裡頭一張張品嚐美食的嘴了。

看著陳師傅說傳統的宜蘭菜，每一道都像是他的好朋友般。以糕渣來說，這個曾經登上國宴的小吃，原來是源自於老祖先的料理智慧。從前，沒有冰箱，食物貯存不易，烹煮雞鴨豬肉等產生的高湯，靜置凝結後，隔天便切小塊裹粉下鍋油炸，就成了現在大家愛不釋手的糕渣。陳師傅打趣的說：「糕渣外冷內熱，就跟宜蘭人一樣。」沒想到老祖先的料理智慧也隱藏著在地人的樸實特性。

有特色　真正的宜蘭菜

渡小月沒有固定菜單，是否會因此擔心吃不到真正的宜蘭菜，別擔心，所有的古早味都在陳師傅的腦袋裡，真的不知道怎麼點餐，服務人員也都可以給予專業的建議。大家熟知的鴨賞、膽肝、棗餅、糕渣、西魯肉，都是少不了的經典菜色，想來份湯品，別忘了仙草雞。經過慢火燉煮的雞肉，香甜軟嫩、入口即化，而完全遵循古法熬製的烏黑仙草湯汁，牽絲的質感與濃郁的口感，錯過你就白來了。

另外，不論是饕客或是在地人都會點的杏仁豆腐，也是渡小月的招牌之一。為了呈現當年的美味，完全按古法釀造，原料只有杏仁豆以及牛奶，沒有人工香味，只有來自杏仁的自然濃香，吃起來軟 Q 細綿，加上清爽的甜湯，是結束一餐的最完美甜點。

現在的渡小月，獨棟的三層樓用餐空間，一樓供應精緻的小吃與餐點，二樓規畫成喜宴會場，三樓則提供創意套餐，對於美學有獨到眼光的陳師傅，也將自己從各地蒐集來的字畫、雕塑藝術品等等，都大方的陳設在店內。有著傳統美味、時尚環境，加上老闆娘親切的笑容，在渡小月用餐成了最溫馨的用餐經驗。

洋蔥鵝肉魚肝醬

陳師傅以新式的手法料理鵝肉，先經過油煎、再來一道蒸煮的過程，最後還得經過冷凍，直到鵝肉結成冰狀後，才能切薄片，盛盤上桌。再配上主廚特調的醬汁，與鮮嫩不油膩的魚肝，成了渡小月的招牌之一。

傳統糕渣

酥香的外皮，裡頭包裹著的可是熱燙燙的內餡。充滿海鮮餡料的渡小月糕渣，不只有海鮮的美味，更有著不同的口感，這個宜蘭專屬的傳統小吃，不點來嚐嚐就太可惜了。

八寶芋泥

香甜的八寶芋泥，一端上桌就讓人食指大動，吃慣了西式甜點的人，一定得嚐嚐這味傳統的甜品。還冒著煙的八寶芋泥，綿密的口感中帶著鴨蛋的香氣，一定能喚起你小時候的美味記憶。

海
霸
王
士林 北投
Shihlin Peitou
大直 內湖
Neihu
40
海 霸 王

台灣好味

海霸王餐廳

稱霸全台　海鮮餐飲教主…

不論是高雄的創始店，或是台北中山北路的海霸王大樓，都有著不少人的美味回憶。生猛的海鮮，既專業又親切同家人般的服務人員，以及廚師們精準的火候和充滿層次的調味，都讓人每一口都充滿海的味道。數十年來，不論餐飲市場怎麼變化，「海霸王」永遠端上最新鮮的料理，更數度引領了餐飲市場的潮流。

海霸王

台北市中山區中山北路三段 59 號，提供代客泊車

(02) 2596-3141

營業時間：一～五 午餐 11：30～14；00；晚餐 17：30～21：00
六、日 午餐 11：00～14；00；晚餐 17：00～21：00，無公休日

價　　位：懷念料理桌菜平均每人 275 元起，龍翅套餐每人 890 元起
旅遊團膳、婚宴桌菜提供客製化服務

刷　　卡：可

網　　址：www.hpw.com.tw

從凌晨兩點，大家都還在睡夢中時，「海霸王」的員工就已經開始忙碌了。採購人員忙著到魚貨市場、蔬菜市場挑選最好的食材，一直忙到天漸漸亮時，就得聯繫台灣東部回港的漁船，問問今天有什麼魚貨，並且立刻把最肥美的魚貝蝦蟹，從台灣東部一路直接載運北上。當餐廳開門營業時，所有當天最新鮮的蔬果、海鮮，已完全準備好，等著你來飽餐一頓。

有堅持　平價回饋消費者

可別小看這個凌晨到早晨的採買過程，海霸王為此早在高雄創店之初，就申請了 5 張水果產銷執照，以及 2 張台北漁產承銷執照，用把自己也變成承銷單位的方式，省去了盤商的中介。自己直接將食材買回所省下

來的費用，全反映在價格上，回饋給消費者，所以你我才有如此不傷荷包，又能滿足口腹的美味海鮮。

而且對五、六年級生來說，中山北路上聳立的海霸王餐廳，是個美食地標，大大的海霸王三個字，就是美味的代名詞。有什麼值得慶祝的喜事，或是難得的家族聚餐，海霸王都是最氣派又最美味的餐廳選擇。當時的海霸王，以生猛海鮮改寫了台北的餐飲市場，還創造出不少話題，百元海鮮自助餐吸引的大批人潮，更是盛況空前，還有199元火烤兩吃，也是不少人的回憶。海霸王總是讓每個世代都留下難忘的美味記憶，一直到現在，依然是不少家庭辦喜事時的最佳選擇。堅持實在的價格，至今不曾改變過。

有創意　蝦鬆做成口袋餅

經過多年累積，熟悉古早味北投酒家菜的大廚，也同樣擁有不斷推陳出新的創意菜色。大家懷念的酒家菜，包括：魷魚螺肉蒜、雞肚鱉、鳳吞甲魚、明蝦如意捲、蛋黃大蝦等等，這些有些年輕人甚至聽都沒聽過的料理，其道地的美味都藏在海霸王主廚的腦子裡。

而隨著時代的演進，創新也不斷地在海霸王的餐飲王國中產生。深受年輕人喜愛的口袋餅蝦鬆，讓蝦鬆擺脱老氣，用意想不到的口袋餅來加以變化，也是一番趣味。或是口味新穎的南瓜米糕盅，顛覆了印象中和米糕搭配的幾樣固定食材，既有新意也有美味。

從 30 幾年前，總是接待重要的政府官員，更是不少政商名流的宴客場所，一直到現在，成為不少來台旅行的遊客，必定造訪的餐廳之一，那份款待的心意，一直都沒有變。不論對象是誰，如何能端出最新鮮、最好吃的料理，對海霸王來說，才是最重要的事情。

饕客必點

鮮魚芋香鍋

以魚骨熬製的高湯為底，加入稍微油炸處理過的新鮮魚肉，以及米粉、自製福州丸、燕餃、芋頭等配料，以蒜苗、韭菜、油蔥酥和芹菜提味，整鍋魚湯，充滿鮮味。如果想要濃郁一點的湯頭，就讓芋頭在鍋裡多待一點時間，到時候吸飽湯汁的米粉更是別有一番風味。

鳳貝砂鍋雞

海霸王明星料理首推「鳳貝砂鍋雞」，這道獨門雞湯是以百隻雞一起熬煮，湯頭特別濃郁，雞高湯上桌前特別放入豬腳熬煮，膠質豐富，再加入干貝，讓湯頭更顯香甜。食用前先加入青菜盤，讓新鮮蔬果精華融入雞湯中，整鍋充滿濃郁鮮甜，營養美味兼具。

櫻花蝦米糕

嚴選 A 級東港櫻花蝦，富含鈣、磷、蛋白質，而和糯米一起拌炒的配料，還有來自大甲綿密鬆軟的芋頭、肥瘦適中油花均勻的火腿，以及新鮮的蛋酥和香菇絲。記得趁熱吃，好讓香脆的櫻花蝦和軟 Q 的米糕，展現極致的口感。

梅子餐廳

家族氏經營　濃濃人情味…

從小在海邊長大，靠捕魚賣魚維生的父親，一位很會醃漬梅子的母親，餐廳的命名甚至以此為發想，以及第二代的三兄弟，大哥負責海鮮採購，二哥負責外場服務與對外聯繫，最小的弟弟則拿起勺子，走進廚房，延續父執輩的美味。一家人全心奉獻的餐廳，怎能不美味？不少客人更是看著三個小兄弟長大的老顧客，這份人情味，讓「梅子餐廳」與眾不同。

台中市沙鹿區中山路 473 之 2 號
(04) 2662-5365
營業時間：午餐 11：00 ～ 14：00；
晚餐 17：00 ～ 21：00
價　　位：600 ～ 1200 元
刷　　卡：可
網　　址：www.meidz.com.tw

現在的梅子餐廳，是台中沙鹿地區家喻戶曉的海鮮餐館，但是一開始，只是個加工區的小小路邊攤。能夠逐漸發展成現今的規模，還有三、四成的顧客，20 幾年來持續光顧，能夠擁有這麼死忠的饕客粉絲，美味肯定不在話下。

有特色　獨家梅汁料理

原本在台中港協助漁民載運魚貨銷售的父親，每天看著新鮮的魚蝦蟹上岸，對於海鮮瞭解得非常透徹，任何關於海鮮的疑問，都難不倒他，也因此開啟了魚貨販售的事業。而這位海鮮達人嗅到了民以食為天的基本需求，轉而經營小吃，延請了一位大廚，加上加工區基本的人潮，小攤

子的生意還算穩定。原本只懂魚貨不懂烹飪的父親，跟在大廚身邊，一天一點的學習，五、六年之後也習得一手好廚藝，還因此培養出了一批忠實的消費者，直到現在。

這些老客人和梅子餐廳的關係，如同朋友一般。如今店內招牌的梅汁類料理，就是客人給予的建議，因為餐廳名稱喚作梅子，料理中沒有這個元素，實在太可惜了。因此，梅汁白鯧這道菜，就在客人們的期盼下誕生，一推出就大受好評，第二代接手經營之後，也開發了梅汁桂花釀明蝦的創意菜。不過，梅子餐廳仍舊以家傳的海鮮料理為主，幾道用了媽媽好手藝的梅汁料理，畫龍點睛地成了別人學不來的特色，一方面也代表著餐廳和客人的情誼。

有堅持　誠信對待顧客

在海鮮餐廳用餐，最過癮的就是大口吃遍海味，而新鮮的海鮮，最豪邁也最考驗餐廳海鮮品質的吃法，就是生食類料理。在梅子餐廳裡，刺參和大蛤都以生吃手法呈現。頂級刺參只經過簡單的汆燙，立即冰鎮，讓肉質更加Q彈，再淋上主廚特調的泰式醬汁，口感和味道都是一絕。而來自東石的活大蛤，每顆都和手掌一般大，剝開後也是立即冰鎮，淋上檸檬汁和加入梅汁的特調醬料，生猛海味讓人難忘。這道大蛤生吃，不僅征服了眾多饕客挑剔的嘴，也讓每次前來採訪的媒體為之瘋狂。

梅子餐廳如同大部分的海鮮餐廳，有每天到貨的最新鮮海產，客人到店裡，眼底盡是現流的活跳海鮮，但是，梅子餐廳堅持誠實的料理，客人選的是哪條魚，絕對不會進到廚房後，變成了另一條斤兩不足的魚，除此之外，接手經營的第二代三兄弟，一直以來秉持著父母親所堅持的一句話：「只做自己喜歡吃、敢吃的料理給客人」。

於是，大哥負責把關各類海鮮的採買，二哥在餐廳內用全心服務，不論是老客人或是新客人，都如朋友般對待，對料理有興趣的三弟，雖然年輕但手藝早已經通過老客人的檢驗，在廚房獨當一面，讓梅子餐廳，不只有自身的歷史淵源，有家人的情感，還有別的餐廳吃不到的濃厚人情味。

梅汁白鯧

在台式料理中，乾煎白鯧是很經典又熟悉的料理，但是梅子餐廳的乾煎白鯧，還淋上了李媽媽親自醃漬的梅汁，既創新又充滿人情味。細嫩的魚肉搭配上梅汁的微微酸甜，讓魚肉的鮮味更出眾，令人印象深刻。

三杯龍膽石斑

誰說頂級的龍膽石斑只能用清蒸的才能呈現美味，梅子餐廳的龍膽石斑，就用三杯的做法呈現。切成塊狀的石斑裹粉油炸，創造酥脆的表皮，再放進三杯鍋子裡燉煮，讓魚塊吸收飽滿湯汁，最後再綴上九層塔，魚肉依舊鮮嫩，更多了多重口味，一推出就成為熱門招牌。

大蛤生吃

看起來就很豪氣的一道菜，同時也是老闆娘最自豪的料理之一。這道開胃菜，是將活蛤蜊迅速剝開，立即放入冰水冰鎮，藉著溫度讓肉質緊縮，接著再加入辣椒、洋蔥、檸檬汁以及獨家醬汁就完成了。一入口，舌尖馬上充滿百分之百的鮮味。

台灣好味

華味香鴨肉羹

鴨料理達人　烹調真功夫…

台南在大家心目中已經成為美食之都了，各種別具風味的傳統在地小吃，成了前往台南的最佳理由。這些名冠全台的小吃有一個共同特色，都是歷經數十年，有久遠歷史的老字號，「華味香鴨肉羹」便是其中之一。七十多年的老店，從營業的第一天開始，一碗一碗的鴨肉羹，一代一代的傳承下去，不只傳下好味道，也保留住了一份濃得化不開的人情。

華味香

台南市新營區長榮路二段 1020 號

(06) 656-9292

營業時間：10：00 ～ 21：00

價　　位：200 ～ 300 元

刷　　卡：不可

網　　址：www.amage.com.tw

華味香鴨肉羹在新營地區有 4 家分店，每家店根據商圈特性，都規畫了專屬的裝潢風格，從台式的蛋糕小店、閩南式的紅磚建築、水岸感覺的空間到歐式的庭園，截然不同的風格，和有著悠久歷史的古早味鴨肉羹搭配起來，別具巧思。而且不只大人喜愛這味道，小朋友們也是口口聲聲的喊著：「我要吃鴨鴨麵。」

有堅持　選鴨絶不馬虎

華味香的菜單中，不論是羹湯、滷味或是鴨排飯，鴨肉吃起來皆軟嫩可口，除了料理過程中的獨家配方與真功夫外，鴨肉的選擇也非常重要。因為鴨肉用量大，華味香的鴨肉品質和供貨都必須穩定，所以從 70 年

代開始，就選擇與通過 CAS 認證的屏東太空鴨廠商合作，挑選生長大約 80 天、2 公斤重的蘆鴨，再依據幾十年的經驗，嚴格檢查鴨子的運動量是不是足夠？健康狀況是否良好？通過檢查的鴨子，才能成為華味香的料理。

鴨肉羹之外，華味香幾乎把鴨子從裡到外，從頭到腳徹底的利用，做成一樣樣讓人口水直流的滷味。滷味是傳承自潮州南滷風味，由有 50 餘年經驗的老師傅慢慢改良，成了華味香的獨家配方，其中包含了純釀原味醬油、蔥、五香、八角、丁香等 20 多種材料，味道非常順口而且不膩。

有特色　自製蛋香意麵

華味香還有一個值得品嚐的自製商品，就是蛋香意麵。加了大量雞蛋製成的意麵，香氣和口感都大大提升，而且一直到今天，這些麵條都是每天由店家自行製作，來碗蛋香乾意麵，你就會知道新鮮的麵條，有多麼迷人。此外，用鴨腿肉開發出來的鴨排飯，還曾讓首度來品嚐的客人，對於華味香的鴨肉，有和雞肉近似的軟嫩口感，非常驚訝，徹底打破一般人認定鴨肉會比較柴的印象。

數十年前的華味香，一開始也只是個小小的路邊攤，但是鴨肉羹的美味，讓新營地區的饕客們無法抗拒，小店內外充滿人潮，而且在過去，大家習慣把啃過的骨頭丟在地上，一忙起來店裡地上幾乎佈滿鴨骨，有位老客人回憶說：「小時候就算要踮腳踩著鴨骨頭前進，也一定要吃碗鴨肉羹再回家！」從第二代接手之後，不只改變用餐環境，也將各種美味定量化，好讓這個難忘的古早味能夠順利的傳承；第二代的經營人，甚至還取得 EMBA 的學位呢。目前第三代已加入經營，華味香的美味，和七十幾年前一模一樣，一點都沒有改變。

精燉鴨肉羹

來到華味香，不點鴨肉羹， 實在說不過去。這用了傳承 75 年的祖傳配方，以及鴨高湯煮成的羹，比想像中的清淡、甘甜，充滿鴨肉的原汁原味，卻一點也不油膩。不要再說台南料理總是偏甜了，這才是地道的好滋味。

藥膳醉鴨

獨步全台的藥膳醉鴨，只有在這裡吃得到。將鴨腿去骨後，浸泡在十多種中藥材和 6 種藥酒中製成，讓醉鴨充滿酒的香醇卻沒有刺鼻的酒味。鴨肉吸飽了藥材與藥酒的精華，更 Q 嫩彈牙，成為店裡人氣居高不下的開胃涼菜。

花生豬腳

這道菜充滿著郭家媽媽的人情味。為了給孕婦客人補補身子，郭媽媽特別提供這道菜，用豬前蹄以及特級大花生，豬腳滷得透亮，花生吸附了油脂的細滑，香軟滑嫩的花生豬腳，吃在嘴裡，暖在心裡。

台灣好味

掌上明珠

蘭陽子弟　分享家鄉美好…

在宜蘭壯圍鄉，過去曾經是稻田的土地上，幾年前出現了一家以創意養生懷石料理為訴求的餐廳，精心設計的庭園讓人心曠神怡，餐廳還設有以台灣茶品為主的茶館，用來推廣台灣好茶。這是一位宜蘭子弟為了根留台灣，事業有成後，在小時候種田的土地上開設的餐廳，希望和大家分享家鄉的美好。

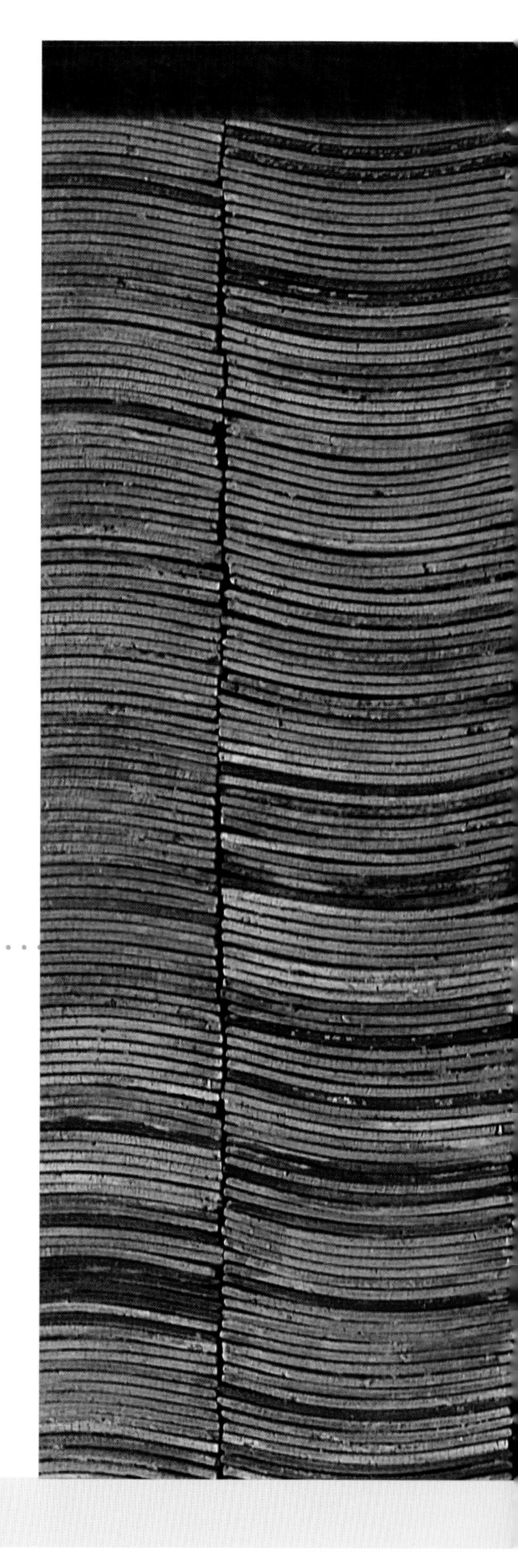

掌上明珠

宜蘭縣壯圍鄉大福路 2 段 102 號

(03) 930-8988，(03) 930-8989

營業時間：11：00～22：00，
除夕及員工旅遊日公休，
採預約制

價　　位：套餐 1500 元與 3000 元兩種，
素食 1200 元
二樓茶館低消 350 元
以上均需加 10% 服務費

刷　　卡：可

網　　址：www.formosapearl.com

分享的心意，串連了「掌上明珠」餐廳的每一個細節。尤其在餐點的規畫上，更看得出老闆的細心與用心。

有巧思　美食藝術結合

掌上明珠以無菜單形式的懷石料理來規畫餐點。完全取決於當令食材，也因此每個月都會因應時令更換一次菜色，除了考驗師傅的創意、饕客的品味之外，其實也是回歸在地、順應自然的最佳表現。經典的招牌生魚片，魚貨全部來自宜蘭當地的兩個漁港，所以能吃到什麼樣的刺身組合，無法事先知道，但是可以確定的是，當季最新鮮的美味一點也不打折。

而選擇懷石料理的方式呈現，除了料理方式健康又養生之外，更滿足了用餐時的視覺美感，讓每一口食物，不僅僅是認識台灣在地食材的管道，還具有美學的價值。餐廳裡，盛裝所有美味佳餚的餐具器皿，都出自宜蘭在地陶藝家李宗儒之手，精緻又具有巧思的擺盤，更是每每讓人驚艷，在味蕾真正享受到食物的美味前，視覺已經獲得大大的滿足，而如此美食與藝術的結合，更是來這裡用餐的最大享受。

老闆更將自己在地土生土長農家子弟的情懷，融入菜色當中。為了實際體驗稻農的辛苦，要求員工親自下田割稻，割下的稻穗經過師傅的創意，成為了餐盤中讓人驚豔的創作。經過油炸後的稻穗，宛如一顆顆的爆米花鑲在稻梗上，巧妙地提醒了用餐的人，這粒粒皆辛苦的盤中飧。

有特色　服務從心開始

此外，餐廳的另一項靈魂，現場的服務人員，在掌上明珠也有獨特的要求。這裡的服務人員，必須學習書法、插花與茶道，不單單只是服務客人的層面需要擁有這些知識，而是唯有透過自身的學習，才能領略到其中的奧義，也才能與前來用餐的客人分享。因此，書法字跡的菜單，是員工們親手寫的，端上桌的精美佳餚，員工們也都嚐過，2 樓規畫的茶館，每位員工也都深諳茶道，可以帶領你進入品茶的世界。

講究的餐點之外，也有講究的用餐環境，大片的土地規畫了庭園，以木材為主的裝潢，營造出一股溫暖的氣氛，而店內更有不少老闆的收藏品，包括各種雕塑以及在世界各地旅遊帶回的絲綢布，不藏私的布置在餐廳中和大家分享。想要擁有如此有質感的用餐體驗，請記得先預約，以款待朋友心意出發的服務人員，更會親切地與你溝通菜色上是否需要調整，你可以大膽地說出你的各種飲食原則或禁忌，因為都可以在這裡得到滿足。

生魚片

是掌上明珠的招牌菜色，選用來自在地漁港的新鮮魚貨，經過師傅擺盤的創意與精湛的刀工，成就了這一盤美觀又美味的生魚片，想要嚐嚐台灣東部在地的鮮味，都在這個田中央的餐廳。

蘆薈金桔有機醋

金桔與蘆薈都在宜蘭山中栽種，這杯醋還需耗時兩年自然發酵釀造而成，每每讓嚐過的客人想要再喝一杯，可惜，數量較少，總是不能如客人所願。所以，請記得細細品嚐這杯難得的好味道。

稻穗

員工用鐮刀親手收割回來的稻穗，曬乾儲存，經過師傅的創意，下鍋油炸後，形成像是爆米花般的口感。這可不是單純裝飾，還隱含著老闆希望大家明白稻農辛苦的深遠意涵。

台灣好味

銘師父餐廳

國宴主廚　打造夢想餐廳…

在花蓮地區早已經小有名號的國宴主廚莊忠銘師父，在吉安鄉選了塊地，蓋起心目中的餐廳，實踐自己對料理的理想。原本就善於利用當地食材做出創意料理的他，在吉安鄉遇見了三代養菇的人家，有機蔬菜的農家，都是他的鄰居，加上花蓮海鮮取得的便利性，以及各種優質肉品幾乎都有在地廠商，銘師父讓店裡的在地食材使用率高達95%，更打造了寬廣的空間，就等你聞香而來。

銘師父

花蓮縣吉安鄉明義六街38巷22號

(03) 858-1122

營業時間：午餐11：30～14：30；晚餐17：30～21：00

價　　位：平均每人300～500元，個人套餐680元起，10人份合菜每桌3500元起

刷　　卡：可

（停車場約1200坪）

莊忠銘師父的新餐廳「銘師父餐廳」，落腳在花蓮吉安鄉，雖然距離火車站不遠，但是靠山邊的位置，讓餐廳擁有絕佳的景觀。莊師父也不浪費這無法取代的美景，2400 坪的面積，只將其中 600 坪規畫成用餐空間，剩下的留給銘師父自己開鑿的生態池與小溪流，不多占用大自然的空間，把整地時移開的樹木種回去，也放上能和環境呼應的奇石營造景觀，讓在餐廳用餐的客人，一抬頭就有綠油油的景觀可以欣賞。銘師父這次把生活與餐廳結合，不只打造出他心目中的理想生活，也希望花蓮的緩慢，可以讓前來用餐的所有人，都能有真正放鬆的片刻。

有創意　善用在地食材

銘師父用當地的好食材來表達他對花蓮的喜愛。餐廳附近有傳承三代的菇農，擁有認證的有機蔬菜農家，也離餐廳不遠，距離餐廳一個小時的車程內，就能買到銘師父指定的 6 斤半大鴨，打個電話給筍農，預定好

數量，隔天上市場，現摘的筍子就能帶回餐廳。莊師父把筍子做成筍片，更發揮創意，加上蝦漿做成筍捲。花蓮縣的特殊食材「海葡萄」，有綠色魚子醬的美稱，也出現在莊師父的眾多料理中。

政府的農改場也位在吉安，因此質優的牛肉也不成問題，還有新鮮的牛奶，更是銘師父創意料理少不了的良伴。好喝的牛奶在莊師父手中，用來做涼糕、或和海鮮一起蒸煮，甚至做成了牛奶鍋。而黃澄澄的玉米雞，也是在地農家用最天然的方式飼養的。至於海鮮，就更不用說了，靠海的花蓮，有許多美味又特殊的魚種，如曼波魚、紅喉、黃鰭鮪魚等等，只要到漁港就能看到。

有理想　愛家園重環保

當地原住民聚落中的特殊食材更是銘師父的靈感來源。有山胡椒之稱的馬告，銘師父請原住民連同果實和葉子一起摘給他，他將兩者放進烤箱烤，果實與葉子一同散發出逼人的香氣，出爐後撒上糖粉，在地的原料，簡單的烹調，形成了一道視覺與味覺雙重享受的美味料理。

莊師父對於器皿的選擇，也讓不少死忠饕客津津樂道。學過攝影的莊師父，對美學有著一定的素養，曾經在參加比賽時，認識了花東地區的陶藝家，開啟了莊師父對於器皿搭配的想法。他更曾經將紋路漂亮的木頭，當作是涼菜盤，莊師父對料理的熱情與源源不絕的創意，讓人讚嘆。

除了出國參加比賽或是參加活動，莊師父都待在餐廳裡，更把自己的家建在餐廳旁邊，為的就是享受這片好山好水。這位在花蓮落地深根 40 餘年的主廚，希望未來能在讓大家享受美味之餘，替環境盡一己之力。廚房也早已規畫好購置能夠將廚餘轉換成有機肥的機具，將人類取之於自然的美食料理，回饋給大地。

香梨鮮帶子

夏天梨子產季時，莊師父會將梨子切成三角形，放上香煎的帶子，然後淋上以柳橙為主的醬汁，再撒上葡萄乾，和有機蔬菜一起搭配，鮮豔的色彩和清爽的調味，以及各種食材不同的口感呈現，讓這道美麗的料理層次豐富。

竹炭龍蝦球

這道廣受大家喜愛的麵點，是以火紅的龍蝦，搭配上黑色的竹炭麵，光是顏色的對比，就已經相當有趣，精巧的盤飾，更擁有法式料理的美感。而淋上的醬汁，除了有海鮮的甘美，鹹香適中的調味，更讓人回味無窮。

北鴨三吃

在莊師父的堅持下，只有重達6斤半的大鴨可以進到餐廳的廚房。這道北鴨三吃，最讓人驚訝的就是全鴨野菜火鍋，把鴨肉放進火鍋料理，大概只有莊師父做得到。此外，口袋餅鴨鬆和香蔥鴨餅，也是除了火鍋以外，精采的吃法。

鬍鬚

鬍鬚張魯肉飯

黃金比例　締造飲食傳奇…

對現在的你我來說，魯肉飯是生活中再熟悉不過的餐點之一。吃膩了便當，或是想解饞時，魯肉飯總是會浮現腦海。而大家也習慣了不論是路邊店面，或是巷內小攤，隨時都找得到魯肉飯來滿足味蕾。其中，鬍鬚張更是魯肉飯界的天王，經過了五十多年，從路邊的小攤販，發展到今天的數十家直營店面，都靠著這碗擁有黃金比例的魯肉飯。

鬍鬚張
FORMOSA CHANG

台北市大同區寧夏路 62 號（寧夏店）

(02) 2558-9489

營業時間：每日 10：00～凌晨 01：30，無公休日

價　　位：平均每人 120 元

刷　　卡：不可

網　　址：www.fmsc.com.tw

說到鬍鬚張魯肉飯的魅力，董事長張永昌提起五十年前的一位貴客。當時的張炎泉先生，經營小攤子，靠著賣魯肉飯、貢丸湯、豬腳蹄、金針排骨湯、龍髓湯等小吃，一碗一碗地為家庭生計打拚。當這位貴客來到攤子上，吃了碗魯肉飯後，破口大罵，並且極度挑剔，而老闆選擇聽取客人的不滿，並謙虛請益。

有堅持　口味 50 年不變

這位貴客，不吝惜指出該改進之處，從豬肉部位的選擇，到各種配方的調配等等。老闆即知即行，隔天就讓這位貴客嚐到進步，在一天一天的改進中，這位貴客也被老闆感動，每天都來吃上一碗。今天說醬油多了點，明天提醒火候的控制，後天則是點出配方比例應該調整的幅度等

度等等，宛如師徒般，每天都有新的功課。這位貴客就是當時黑美人大酒家的主廚，鬍鬚張的名稱由來，也是這位主廚到攤子前時喊出來的，久而久之鬍鬚張魯肉飯的五星級美味以及名號，就在附近傳開來。

當時讓大家讚不絕口的魯肉飯，經過五十餘年，一直到今天都是同一個模樣。一樣是採用最Q的「禁臠肉」，也就是豬頸肉製成，米飯也都是當期新鮮採收的當期米，口感與味道都是最棒的。

有歷史　遵古法不忘本

隨著時代的不同，改變的只是過去的家庭廚房，成了現在擁有 SOP 製程、現代化的中央廚房。所有的配方與製程，早在張永昌董事長跟著父親在攤子前做生意的時候，就已經都記錄下來了。也因此，你我才能嚐到數十年前的美味。

除了懷念的古早味之外，鬍鬚張也在 2008 年將位於寧夏夜市的創始店，以鬍鬚張美食文化館的姿態重新打造。把當年張炎良先生每天騎去採買的腳踏車放進店裡，壁紙與燈箱，貼上代表台灣的大紅花布。一樓展示著各種古早器皿的牆面，將古早時代有著長年使用痕跡的餐具才會產生的冰裂紋元素，成為牆面的裝飾紋路。各種不同的元素，除了標誌鬍鬚張的歷史，也呈現出台灣當年的生活況味，更讓店裡的員工與客人，都能感受到鬍鬚張不忘本的心意。

鬍鬚張

有新意　老品牌新氣象

然而，老字號的鬍鬚張，念舊但不古板。近年來，注入的年輕與活力，更讓這個老字號品牌有了新的氣象。和潮牌攜手合作的各種周邊商品，不論是 T 恤、帽子，甚至是將招牌頭像以各種不同創意重新詮釋的展現方式，新鮮的創意讓年輕人愛上了這個品牌，進而愛上魯肉飯，喚醒了早就深埋在血液中的美味記憶。也因此，店裡的服務人員也都染上了一股青春熱情的活力。

隨著時代的演變，鬍鬚張也將招牌美味，經過研發、討論，開發成了魯肉飯禮盒，有 3 包粹魯，以及 1.5 公斤的結實米飯，店裡吃不過癮，可以帶回家繼續享受。至於服務人員身上的那件潮 T，很抱歉，那是非賣品，而且員工限定。

魯肉飯

這碗魯肉飯，用的是整隻豬口感最好的豬頸肉，必須切成寬 3 公分，長約 3 ～ 5 公分的長條肉絲，加上私房配料以小火熬煮 4 ～ 6 個小時，期間還得每隔 15 分鐘就攪拌一次，濾掉多餘的油汁，才能有如此飄香的粹魯。再搭配上粒粒分明的米飯，就成了這一碗五十幾年來不敗的飄香魯肉飯。

蹄膀

店裡各種搭配魯肉飯的小菜，都很受歡迎。其中，有富貴象徵的蹄膀，經過鬍鬚張特製的滷汁熬煮過後，顏色和香氣皆讓人垂涎欲滴，在搭配上專用的沾醬，更突顯肉質香 Q。

龍髓湯

龍髓湯是取豬的脊椎骨的骨髓，以清蒸的方式呈現其美味。這道湯品看起來雖然清淡，但是味道濃郁，喝上一碗精神飽滿，頓時元氣滿分。是鬍鬚張眾多老顧客最愛的湯品之一。

台灣好味

麟手創料理

發揚台菜　躍登世界舞台…

「麟手創料理」可以說是宜蘭的料理世家，陳兆麟師傅的最新代表作，在渡小月成功打響宜蘭菜的知名度後，陳師傅深感更大範圍的台菜，其實也很有深度，而台灣也有很好的食材與主廚，只是有點可惜台菜無法在國際間嶄露頭角，便以發展台菜為主，加入各種新的元素，以父親給予的名字「麟」，為餐廳命名，代表著傳承與開創並陳之意。

宜蘭市泰山路 58 之 2 號

(03) 936-8658

營業時間：午餐 12：00 ～ 13：30；
晚餐 18：00 ～ 20：00，無公休日

價　　位：套餐 1200 元、1800 元、
2300 元、3200 元

刷　　卡：可

宜蘭泰山路上，一棟由陶磚裝飾壁面的大樓，正是麟手創料理的所在地。由陳兆麟師傅發想，覺得台菜有太多美好與文化，應該要好好發揚，並且讓大家都知道。此外，經常出國參加料理競賽的陳師傅，也想將精心設計的冠軍料理，和大家分享。

有想法　重新詮釋台菜

陳兆麟主廚，想要用全新的方式來詮釋台菜，並非全部翻盤，而是在傳統中尋找新意。或許是擺盤上的創新，也許是增加新的元素等等。以宜蘭傳統的糕渣來說，油炸過後的外皮和內部溶解的高湯，形成強烈的對比，麟手創料理，則再添加了青蔬，不僅增加顏色，也多添了點健康。再利用西餐的擺盤方式呈現，也讓這道傳統的小點，有了現代的新風貌。

至於好吃但是賣相欠佳的鹹菜魚，新的料理手法，則是將香魚剖半，填入鹹菜，取代過去平舖的方式。新的料理方法，讓蒸過的鹹菜魚，看起來更加俐落時尚，美不勝收。

在麟手創料理用餐，消費者絕對可以享受到最特別的禮遇，因為餐廳裡的菜色，都曾經有著輝煌的比賽歷史，要說是集冠軍料理之大成也不為過。除此之外，供餐方式也都比照國際競賽規格，將前來用餐的客人當作是評審，從食材的精挑細選到器具的選用，每一個小地方都不容忽視。

哥哥的手藝　弟弟的陶藝

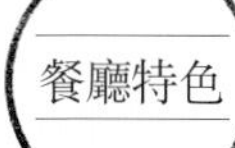

盛裝料理的器皿，都是陳兆麟主廚的陶藝家弟弟陳兆博的創作。兄長的料理加上弟弟的陶藝器皿，讓料理增添了一份美感，也完全展現了陳兆麟師傅想要將台菜呈現得更精緻、更時尚的概念。餐廳的空間設計上，也採用了陳兆博的陶藝作品，餐廳內外的白色陶磚，上頭的圓圈，就像是漣漪，象徵著料理創意無限。

有創意　品嚐人生滋味

在套餐的設計上，更讓人驚喜，在6～7道菜的用餐過程中，加入了藝術的元素，加入了人生的體悟。一杯人蔘茶，希望你思考的是自己的人生。屬於前菜的「因果」，呈現出酸、甜、苦、辣四種味覺的開胃前菜，道盡了人生的各種滋味。緊接著在前菜後的湯品，則取名為「煉」，不只代表著熬湯過程中的熬煮，也象徵著你我人生中的各種試煉，而湯的鮮美，似乎也暗喻著辛苦後的甜美果實。在這樣精心安排的設計下，伴隨著服務生的解說，吃完這頓飯，好像也能多看清一點人生的選擇與際遇。

這個由陳兆麟師傅號召了各路好手組成的主廚團隊，真真實實地開創了台菜的新風貌，稱之為台菜米其林團隊也不為過。延續了將近半個世紀的餐飲世家，在宜蘭這片好山好水的土地上，善用了當地的優質食材，加上創意與藝術美感，讓所謂的「新台灣菜」真實的呈現在大家面前。

除了台灣人，麟手創料理也吸引了世界各地的饕客，除了香港、新加坡等距離較近的亞洲國家，更曾經有遠自美國、德國、西班牙慕名而來的食客，可見，麟手創料理已經達到陳兆麟師傅最初的想望，讓台菜被世界看見。

因果─前菜

用酸甜苦辣四種滋味，詮釋人生的際遇。四種不同滋味的前菜，因應時令與團隊創意而不定期變動，有時用苦瓜為主呈現苦味；有時則用檸檬醋搭配肉類表達酸，辣味當然少不了辣椒，甜味則多以水果為主角，搭配上特別設計的器皿，令人驚艷。

昇華─蔬食

套餐當中以蔬菜為主角的料理，並且用單一的烹煮方法，提出蔬菜的清甜，也藉著湯汁串起每個食材的特殊味道，看似簡單，菜單上寫著「沒有面容的菜」這幾個字，但卻是肉類主菜前，經過多種滋味的前菜、湯品後，味覺的最佳休憩。

時尚─肉品

套餐中的肉類料理安排在後段，同樣秉持著維繫傳統與同步創新的精神來呈現。或選擇在地的鴨肉料理，或是也很受大家歡迎的羊肉料理，不論哪一種肉類，都料理得恰到好處，調味皆能提升食材本身的美味。中菜西吃的擺盤方式，讓這道菜成為真正的「美」食。

 Hotel ONE 頂餐廳／46 樓頂　嚐乾式熟成牛排

台中 Hotel ONE 開幕時，吸引了全台灣的目光，充滿設計感與創意的風格，讓不少人眼睛為之一亮，也成為台中的新話題。而除了飯店本身，位在 Hotel ONE 頂樓，46 樓的 Top of ONE「頂餐廳」，更讓人想一探究竟，因為頂樓絶佳的視野，有外籍主廚坐鎮掌廚，還有乾式熟成牛排的魅力，都讓人想要立即前往。

台中市西區英才路 532 號 46 樓

(04) 2303-1234 轉頂餐廳

營業時間：午餐 11：30 ～ 13：30；
下午茶 14：00 ～ 16：30；晚餐 18：00 ～ 21：30

價　　位：午餐 1080 元起，下午茶 520 元，晚餐 1880 元起，加收 10%服務費

刷　　卡：可

網　　址：www.hotelone.com.tw

ONE

有氣氛　坐擁絕佳視野

搭電梯來到 Hotel ONE 位於 46 樓的「頂餐廳」，一進到餐廳內，任何人都無法不被眼前的美景所折服，這個台中最高的頂級餐廳，把最好的景致都留給了消費者，利用原本的狹長空間，座位的安排沿著窗邊依序延伸，所以不論你坐在哪一桌，都會有絕佳的視野。

頂餐廳提供有午餐、下午茶及晚餐，想當然爾，最受歡迎的用餐時段，當然是晚餐了。夜幕低垂時，充滿光點的台中大都會都在腳下，而餐廳內的燈光，也會調得更暗，好讓消費者可以清楚地欣賞美麗的夜景。

然而頂餐廳最棒的還不只如此，一進門就可以見到的牛肉熟成櫃，一塊塊標註著熟成天數的牛肉，更是這裡的頂級美味。頂餐廳採取的牛肉熟成方式，是乾式熟成，這樣的方式在台灣只有頂級餐廳才能供應，因為最基本的設備就必須花費巨資，頂餐廳也為了牛肉量身訂製了熟成室與熟成櫃。

有堅持　提供頂級美味

除了熟成室與熟成櫃等設備，還需要有經驗足夠的主廚，隨時觀察牛肉的熟成狀態，加以調整各種溫溼度。等到牛肉熟成天數足夠，達到最美味的巔峰時，你所看見的一大塊牛肉，將必須切除掉外圍已經風乾的部分，只留下中心充滿熟成風味的一小塊鮮美牛肉。這樣的設備、經驗以及食材的必要浪費，才能成就一塊風味絕佳的熟成牛肉。也因此採取乾式熟成的牛肉，通常價格比較昂貴。畢竟經過了至少 14 天的醞釀，大概有將近約 30% 的牛肉必須切除，也算是昂貴有理的一道美食。

為了搭配這麼好的牛肉，頂餐廳選擇了多款美酒，不定期更換酒類商品，就放在餐廳內的酒車上。為了突顯牛肉本身的美味，頂餐廳也貼心地準備了多款沾食用海鹽，讓消費者親自挑選，選好了服務生就會在桌邊幫你現磨。其中，主廚更特別推薦從法國、西班牙、馬來西亞、義大利等地進口的高級海鹽。想搭配醬汁的人，主廚也準備了普羅旺斯奶油、松露奶油、干邑綠胡椒以及紅酒百里香等等醬汁，每一種都能和牛肉激盪出無比的美味。

乾式熟成造就絕佳美味

熟成是成就牛肉美味的基本過程。利用牛肉本身的蛋白酵素作用，提升牛肉的嫩度（Tenderness）、風味（Flavor）、含汁性（Juicy）。熟成的方式一般可分為乾式熟成與溼式熟成，其中，乾式熟成後的牛肉風味，更是所有老饕心中的絕讚美味。

乾式熟成必須將牛肉不加以包裝，直接放置在恆溫、恆溼的熟成室中 14 到 28 天。牛肉因為和空氣接觸，快速的分解蛋白質、酵素，就如同葡萄酒、起司一般，牛肉的風味一天比一天濃郁香醇。也因為沒有包裝直接靜置，外表會因為水分與油脂的流失而風乾，這個表層更能幫助牛肉鎖住水分，成就了多汁的肉質。料理時，必須將這層外皮捨棄，取最中心牛肉使用。

美食、美酒與美景，讓頂餐廳無意間成為了不少人求婚的場地，餐廳內更有一個求婚特別桌呢。不過，如果你一時還沒有機會可以品嚐這個牛肉中的頂級美味，那麼，也許和朋友來趟頂餐廳的下午茶吧，在一樣的美景，一樣的環境中，放鬆一下也不錯。

鴛鴦菲力牛排

鴛鴦菲力牛排是取自於腰內里肌，因其為牛身中運動量最少的一塊，故肉質滑嫩且脂肪較低，主廚以爐烤方式將鮮甜肉汁完全封存，鮮嫩美味的口感讓人極為驚豔，為老饕級不可錯過的美味佳餚。

熟成特級美國帶骨牛肋眼

肋眼富有豐富的油花，經過14天或28天熟成之後，油脂的美味與過程中產生的肉汁結合，口感與風味都更加細緻。而頂餐廳同時也特別設置美國Broiler烤爐，可加熱至1300度，將牛肉表面烤至香酥，內部仍舊保持柔嫩，讓肋眼獨特的脂香表露無遺。

異國風味

Toros 鮮切牛排

首開風氣　牛排現點現切…

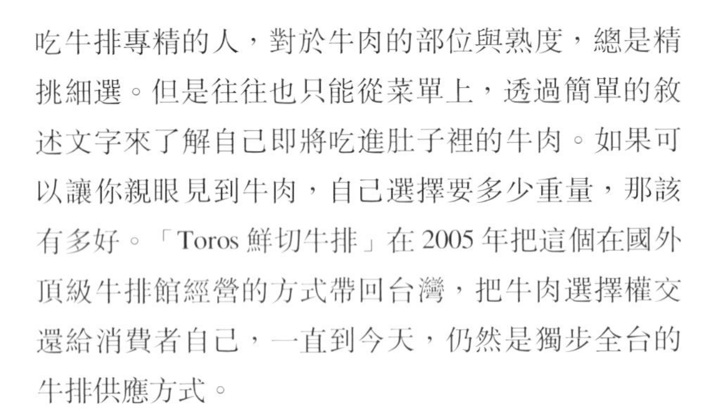

吃牛排專精的人，對於牛肉的部位與熟度，總是精挑細選。但是往往也只能從菜單上，透過簡單的敘述文字來了解自己即將吃進肚子裡的牛肉。如果可以讓你親眼見到牛肉，自己選擇要多少重量，那該有多好。「Toros 鮮切牛排」在 2005 年把這個在國外頂級牛排館經營的方式帶回台灣，把牛肉選擇權交還給消費者自己，一直到今天，仍然是獨步全台的牛排供應方式。

台北市士林區中正路 185 號（士林店）

(02) 2883-0366

營業時間：周一～五午餐 11：00 ～ 14：30；晚餐 17：00 ～ 22：00
　　　　　例假日、國定假日 11：00 ～ 22：00

價　　位：套餐 500 ～ 1680 元＋ 10%服務費

刷　　卡：可

網　　址：www.toros.com.tw

Toros
Toros
Toros

曾經在台灣知名的牛排館品牌「鬥牛士」，從基層做起的 Toros 創辦人鐘穎寰，和牛排為伍這麼多年，總覺得牛排應該還有更多可能。在國外考察的期間，見到了國外頂級餐廳，會將牛肉送到客人面前，讓客人親自挑選的潮流，激發了他的靈感，認為台灣也可以這麼做，於是 Toros 鮮切牛排開風氣之先，在 2005 年成立了第一家 Toros 鮮切牛排。

有特色　客製化的服務

現在，想吃牛排時，你不只可以決定要吃哪個部位的牛肉，還可以自己決定想吃的重量，讓你可以享用一塊完全按照自己意思烹調的牛排。即便是品嚐牛肉的初學者也別擔心，鮮切區的師傅，會詳細的介紹每塊肉

的特色和風味，也會仔細詢問客人口感的偏好，喜歡軟嫩一點的？還是比較有嚼勁的？或是喜歡牛肉香味重一點的？而且同一塊牛肉的前段和後段，風味也會有些微差異呢。

Toros 的鮮切牛肉，放置在透明的冷藏櫃中，有肋眼、紐約客、菲力以及大塊的牛小排。一般來說，菲力，建議鮮切的厚度為 4 公分，最能品嚐到柔軟的肉質，而具有嚼勁的紐約客，建議至少切 2 公分以上，油脂含量較高的肋眼，Toros 也建議以 2 公分以上厚的厚度，口感最佳。

有堅持　嚴選安格斯牛

Toros 鮮切牛排餐廳，榮獲「2012 年度 CAB 行銷優質餐廳認證」，在全球超過 5 萬間國際餐廳中脫穎而出，對於行銷 CAB 牛肉的優異表現，受到美國安格斯牛肉協會的肯定與表揚。2012 年 10 月由總經理鐘穎寰先生於美國受頒認證獎座， 獎座設計為有 CAB 標章的烙印鐵條，造型相當獨特。

Toros 鮮切牛排的牛肉，選擇的是安格斯肉牛。在美國有檢定安格斯牛肉（Certified Angus Beef，簡稱 CAB）認証計畫，嚴格的針對牛隻血統進行審查，好維護這個優良品種肉牛的穩定品質。在饕客心中，PRIME 等級的牛肉是無上美味，不過以安格斯牛來說，即便是使用 CHOICE（特選）等級牛排也必須特別指定油花最好最佳的部位，因此，肉質與風味都優於其他牛肉。而美國 CAB 認證協會也會針對使用一定比例以上安格斯牛肉的餐廳發出認證，好讓消費者知道，好吃的牛肉在哪裡。

TORRES
Sangre de Toro
Enco

安格斯牛肉認證（CAB）

安格斯牛肉認證 CAB（Certified Angus Beef），是美國安格斯牛肉協會，於 1978 年成立的組織，目的是為了確保這個世界上最好的肉牛品種之一，能夠擁有一致的品質與水準。每次送檢的肉牛中，大約只有 35% 的牛隻，能夠被鑑定是安格斯黑牛，而這些合格的牛隻其中，只有 1/5 能夠通過 CAB 評級的要求。菜單使用認證過的安格斯牛肉到達一定比例（至少 7 成）的餐廳，也才會得到協會頒發的正式標章，以供消費者辨識。

有驚喜　達人特調咖啡

如果不想到鮮切台去，想要舒服的坐在位子上等待的話，也沒關係。除了鮮切牛排，Toros 當然也和其他牛排館一樣，有各種主餐可以選擇，有各種附餐可以搭配。另外，非常推薦你，點一杯由 Toros 請來的咖啡達人特別調製的冰釀咖啡，牛奶和糖都有一定的比例，而且已經調好在咖啡裡了。這杯達人創作的冰釀咖啡，香氣會在喉間停留，品嚐後滿嘴都是咖啡香，讓一杯餐後咖啡，不只是杯咖啡，而是餐點的完美句點。這也是 Toros 想要提供給客人的完美用餐體驗。

饕客必點

碳烤鮮切牛排

美國安格斯紐約客牛排

如果你不曾嘗試過紐約客牛排，那麼你一定要試試。紐約客的部位是牛的前腰脊肉，運動量足，而且同樣是油花分布均勻，吃起來帶勁又順口，更是老外的最愛。外部焦香，內部為 5 分熟的熟度，濃厚的肉香越嚼越鮮明。

碳烤楓糖豬肋排

Toros 以多種蔬菜特調的醬汁，醃漬上兩天，先經過蒸烤之後，還會再塗上一層 BBQ 肋排醬，而這個肋排醬，主廚還特別添加了楓糖，每咬下一口，水果類醬汁的風味以及楓糖的甜味，襯托著肉質的特殊口感，不油不膩，讓人印象深刻。

香草堅果小羊排

把取自 6 ～ 12 個月的紐西蘭小羔羊的羊排，塗上奶油、芥茉籽醬、香料粉以及碎堅果一起烘烤。羊排肉質本身豐富的滋味，搭配著迷迭香醬汁，鹹中帶酸，堅果的香氣，讓這道菜的風味更上一層，創造出多元的香氣。

異國風味

三太養生鐵板燒

無油養生　收服饕客的心…

「三太養生鐵板燒」位在商業活動頻繁的信義路上，沒有大店面或巨大的招牌，宛如私宅餐廳般，隱身在大樓的二樓裡，但這卻是家受到不少商界人士指名推薦的好餐廳。三太以養生鐵板燒為訴求，透過對食材精湛的了解，成功地開創了無油的獨特手法，在炙熱的鐵板台上，一次又一次做出絕妙好味，收服人心。

台北市信義路四段 450 巷 9 號 2 樓
(02) 8788-3839
營業時間：11：30～14：00；
17：30～22：00
價　　位：平均每人 1800 元
刷　　卡：可
網址：www.suntay-teppanyaki.com.tw

在台北市，即便是頂級的鐵板燒，也少不了油與煙，但是在三太，這卻是不被允許的。誰說鐵板燒一定要用奶油或油才能料理呢？難道不用油就沒辦法做菜了嗎？為了健康的飲食，早在十幾年前，三太就堅持無油料理，即便讓不少師傅難以理解，但還是靠著獨特的烹調技法，成功地創造出三太的鐵板燒傳奇。

有堅持　掌握黃金賞味期

不用油，那怎麼料理呢？鐵板燒的高溫，其實只要用點水和鹽巴，一樣可以烹調出美味的料理，三太的水炒青菜，就是如此保留住了清蔬的自然原味，又同時兼顧美味。松阪豬、鮭魚等食材，本身油脂豐富，在高溫鐵板上，本身的油份會被釋放出來，所以根本不需要再多添加一滴油，食材本身的油脂就是最好的調味。而真的必須得用到油的煎蝦子，你會看到三太的鐵板師傅，不斷地搬動蝦子，透過頻繁更換位置，來逐次減少油份的停留。

對於美味，三太還很堅持食物入口的黃金賞味期。因為料理最好吃，就是剛剛做好，溫度和美味都是最棒的時候，三太捨棄費心擺盤的這個過程，直接把剛做好的料理送到客人面前。而更細緻的是，每道菜都是剛好入口的一口大小，師傅送上的同時，不必再動刀叉，直接入口，立即享受現做的美味。而且為了讓你吃得滿足，師傅從頭到尾不會離開，專心地服務著客人，注意著大家吃飯的速度，好調整下一個料理的下鍋時間。

有驚喜　招牌肉捲添新血

為了這些對於吃的堅持，2000 年時結合新的烹調手法所開創的牛肉捲，包捲的食材和牛肉產生的對比，為鐵板燒界帶來了全新的美食體驗，甚至引起一陣跟隨的風潮。但是三太鐵板燒，持續不斷的創新，讓忠實顧客每次總是有新的驚喜。有時包著鵝肝，濃郁的風味加上軟嫩的牛肉，創造出絕妙的口感。或是包著日本小蜜柑，充滿水分的蜜柑在嘴裡被咬開時，又讓牛肉在味覺上有了新的層次，也有客人特愛剝皮辣椒，還要求師傅做了四捲好好品嚐。

一直到現在，沙朗牛肉捲發展出了十幾種口味，明太子、油漬番茄、飛魚卵等等，不同食材的口感和滋味，讓沙朗牛肉捲成為三太養生鐵板燒十幾年來的人氣招牌，現在肉捲家族更加入了松阪豬肉捲。最新的創意菜色，則是用鴨胸肉包著鴨肝的雙鴨肉捲。為了取得足夠使用的鴨肉面積所發展出來的獨特切法，得浪費掉不少的鴨肉，但是為了美味，三太捨得。

以健康為訴求的三太，就連茶與麵包都健康的徹底。夏天時一杯解熱又溫潤的西洋蔘冷泡綠茶，暑意全消。而五穀何首烏麵包，百分之百手工製作，用燕麥、芝麻以及何首烏一起磨成顆粒，平鋪在麵包上烘烤，外酥內軟，除了有穀類的香氣，添加的枸杞加了股微甜，好吃到曾讓客人一餐吃了十幾片。

三太的精采料理實在太多，道道都美麗又美味。美味的關鍵，在於對於食材的透徹了解，再加上對鐵板燒特性的了解，總是能創造出出人意料的鐵板燒料理，更讓健康的飲食和極致的美味，有了完美的結合。

海陸沙朗捲

薄薄的一片沙朗牛肉，包裹著各種不同的鮮美食材，有濃郁的鵝肝、鮮味的明太子、飛魚卵，甚至是小蜜柑，每一種搭配，都兼顧了口感與滋味的呈現。甚至每咬一口，所有在口中的食材又都會有新的變化與新的味道，精采絕倫。

南極冰魚

頂級鐵板燒才會出現的南極冰魚，三太的料理方式是先在煎台上將魚煎至金黃色，Q 脆的口感完全顛覆腦中對魚肉肉質的想像，而充滿鈣質的魚骨，師傅會再用小火煎酥，在嘴裡越嚼越香，是三太忠實顧客們的最愛。

銅鑼燒蛋

屬私房菜等級的銅鑼燒蛋，選用的蛋種是鴻喜菇蛋，而且在完全不用油只靠鐵板熱度的狀況下，慢慢地將蛋烘煎成熟，看起來像是銅鑼燒的荷包蛋，不必加任何調味料，濃濃的蛋黃香就是這道料理的靈魂。

異國風味

水相餐廳

雙重享受　美食美景絕配…

到餐廳用餐，大部分人除了美食之外，往往還期待有個舒適的空間、獨特的氛圍，可以讓美食的回憶更加多采。台中的「水相餐廳」，正是一間美食與空間都讓人難忘的餐廳。以流動的水為主要發想的水相，巧妙地點出水與人之間的緊密關係，更透過水的帶動，營造出無可取代的氣氛。

台中市西屯區惠中路一段117號（惠中店）

(04) 2258-1616

營業時間：每日11：00～22：30，除夕公休

價　　位：平均每人450元，套餐360～1280元

刷　　卡：可

網　　址：www.aquatea.com.tw

遠遠看著水相餐廳，兩棟灰色的建築物，白天看起來沉靜穩重，晚上在燈光和水影的襯托下，則多添了一股神祕感。走進餐廳，不論在哪一個角落，都可以從大片大片的落地窗，看見貫穿整個空間的水道。夜晚，在燈光的照耀下，波光粼粼，宛如置身水都威尼斯旁的餐廳。

有氣氛　四季風景佐餐

之所以會費盡心思安排這樣一個水道，最初的發想乃是源自於水之於人的重要性與密不可分的關係。水除了是人類生活的重要元素之一，每一口吃進嘴裡的食物，若是缺少了水這個重要元素，可能也無法成為一道料理。於是，規畫餐廳空間時，便安排了這樣一個 T 字型水道，

讓在兩旁用餐的客人，擁有特殊的景觀之外，自己也能成為美麗景觀的一部分。

呼應水道的用餐空間規畫，500 坪的大空間，分成 4 個區域，以四季元素設計。一樓是春天與夏天，二樓則是秋天與冬天，每個空間都有截然不同的設計與色調。春天館裡，醒目的木質大長桌上一盆盆鮮綠的花藝，象徵著春天萬物萌生的意象，看起來，像是專屬於美食的伸展台。夏天館裡則是用上熱情鮮豔的紅色，搭配有質感的花樣圖騰。二樓的秋天館，採用大地色系鋪陳，深色的沙發宛如大地，同色系的深淺變化在整個空間中，打造出秋天的平靜與沉穩。而廣受各種小型發表會顧客喜愛的冬天館，由白色系桌椅與牆面，構成了一片雪白的世界，讓人想一直待著不想離開。

有特色　經典法義料理

水相在台中的高人氣，不只是空間，還有美味的餐點。以法義料理為主，菜單上有法式風情料理的「法式香草戰斧丁骨豬」，歐陸料理中大家熟知的「鄉村德國豬腳」，當然，義大利麵以及考驗師傅功力的各式燉飯，也都能品嚐到。愛吃肉的食客，還有讓人垂涎三尺的「碳烤特級紐約客牛排」、「北歐燻鮭魚搭帕瑪甜蝦」等等。掌管水相美味的主廚，更將自己在 2011 年全國創意料理比賽的得獎作品「普羅旺斯培根雞肉乳酪捲」，放進菜單中，讓大家也能嚐鮮。

精彩的餐點之外，水相的下午茶也是台中饕客極力推薦的。下午茶時段的英式下午茶，滿滿三層的甜、鹹小點，重現了 19 世紀英倫貴族們的午茶時光。此外運用各種新鮮水果原料打造的新鮮水果茶，伴著茶香，消磨一個下午絕對不成問題，還有來自法國巴黎的茶飲，清冽回甘的風味，讓人印象深刻。

水相餐廳有著空間與美食的精彩搭配，讓用餐的時光成為一段難忘的回憶。

普羅旺斯培根雞肉乳酪捲

創意料理普羅旺斯培根雞肉乳酪捲，先用香料醃製，保留肉汁的鮮甜美味，再鑲入杏鮑菇、起司，外層則是包裹上具有煙燻風味的培根。一刀劃下，流洩出的起司和一旁的迷迭香白酒奶油醬汁，讓料理在餐盤上又有了新的口味變化，每一口都是豐富多元的美味。

義式爐烤野菇香草雞

選用肉質彈牙的土雞肉，在皮與肉之間費工地塞進杏鮑菇、野菇，讓菇類特有的香氣，提出雞肉本身的口感與美味。爐烤過後，酥脆的表皮，以及多汁的雞肉，加上已經充分融入雞肉的野菇香，是一道充滿主廚用心的美味佳餚。

雙人英式下午茶

下午茶當屬英式下午茶最具風味，不只讓人不自覺的優雅起來，多樣的點心，更可以滿足不斷想嚐鮮的味蕾。水相的雙人英式下午茶，滿滿的三層點心，值得用一個下午的時間來慢慢品嚐，而且主廚還會不時推出不同口味的小點喔。

異國風味

小銅板牛排

平價享受　簡單不失美味…

如同《米其林餐飲指南》的無心插柳，如今演變成世界上最具權威的餐飲指標。小銅板（Piecettes）的店名，源自米其林「兩個銅板」評等標誌。凡是被打上 Piecettes 標誌的餐廳，就表示「該餐廳所提供平價的餐點，雖簡單但又不失美味」。小銅板牛排就是秉持這樣的精神，提供消費者物超所值的精緻餐點。

台北市中山區中山北路二段 112 號 2 樓

(02) 2536-7553

營業時間：一～五 午餐 11：00 ～ 14：30；
晚餐 17：00 ～ 22：00
例假日、國定假日 11：00 ～ 22：00

價　　位：單點 29 ～ 369 元，套餐 438 ～ 568 元，加 10%服務費

刷　　卡：可

網　　址：www.piecettes.com.tw

小銅板將來自米其林 Piecettes 的堅持，延伸出 Passion（熱情）、Persistence（堅持）、Patience（耐心）三個P的意涵，發展出「平價食尚、用心至上」的品牌理念。

有堅持　選用優質牛肉

在這裡，你可以暫時拋開對於平價餐點的品質疑慮，因為小銅板只有價格平實，食材與料理可不馬虎。

品嚐牛排是來到小銅板的一大重點，小銅板牛排和牛小排都是很受歡迎的牛排料理。其中牛小排更是為了兼顧消費者口感，以及主廚對牛肉原味的堅持，選擇比較少見的帶骨牛小排。在牛排的沾醬部分，小銅板也

提供很多選擇。你可以只沾取玫瑰岩鹽，好好嚐一下牛排的原汁原味，或是選擇主廚特調的蒜醬，鮮明的風味，和牛肉搭配在一起，非常特別也非常對味，當然，大家熟悉的蘑菇醬和黑胡椒醬，也在醬汁的選擇清單中。

此外，走異國創意料理風格的義大利麵，每一盤的份量看起來都非常驚人，甚至連排盤方式都很有風格。炸豬排義大利麵，炸得香酥的豬排上裝著義大利麵；海鮮義大利麵的海鮮，多到幾乎看不到麵，眼睛看著這麼豐盛的料理，胃口也跟著大開了。

有魅力 超值用餐體驗

除了主餐，在其他附餐方面也用盡心思。大蒜麵包是用軟法，再加上主廚調製的蒜醬，口感和香氣都一級棒。而沙拉的部分，幾個常見的組合之外，凱薩沙拉以螺旋高腳杯盛裝，造型獨特，很受歡迎。

豐盛的料理以及自由搭配的點餐方式，讓小銅板吸引了很多的家庭以及情侶前來用餐。一大家子來吃飯，食量小的孩子，可以喝個湯，吃個麵包，大人則可以進攻牛排或義大利麵。對情侶檔來說，胃口較小的女生可以不必承受套餐的大份量，男生則可以大快朵頤牛排、豬腳等份量十足的餐點，絕對可以把肚子填飽飽。

小銅板在空間規畫上，也讓人感覺非常超值。位在中山北路的中山分店，寬敞的餐廳入口，還擺放著沙發，讓等候區域典雅舒適。內部的用餐空間，更是以巴洛克風格妝點，深色系的雕花壁紙，搭配上富有歐洲風情的椅子，讓人誤以為走進了高級西餐廳。而餐廳內大部分的座位，還可以看到半開放廚房裡為了大家的料理忙碌的主廚身影。幾個銅板就能飽餐一頓，除了美食的大滿足，還有美好的視覺感受，難怪小銅板在用餐時段，總是高朋滿座。

小銅板牛排

選用前腰脊部位的牛肉，建議7分的熟度，就能嚐到軟嫩的牛肉，只要搭配簡單的玫瑰岩鹽，就能提出牛肉的原汁原味。此外，小銅板還有特別研製的蒜醬，濃郁的蒜香中帶著甘甜，和牛肉搭配起來風味獨特，讓人難忘。

香烤德國豬腳

以香草為主要調味的獨家醬料，會先包覆著豬腳，醃漬兩天使其完全入味，經過油炸後再進烤爐烘烤。香脆的外皮咬起來香氣滿滿，豬腳的肉質又香又Q，搭配芥末醬和店家自製的德式酸菜，恰恰好的酸味，正好平衡了豬腳的油膩感。

海鮮義大利麵

充滿海味的義大利麵，有蛤蜊、淡菜、花枝、鮮蝦以及鱸魚片，魚蝦貝類組合起來的相異口感，以及共同創造的湯頭，和番茄紅醬搭配在一起，超級速配。上桌時，還有現刨的帕瑪森起司，可依照個人口味增加，更加的香濃可口。

異國風味

瓦城泰國料理

30家分店　泰式料理翹楚…

泰式料理在台灣的大街小巷中很常見，不論是獨立品牌或連鎖品牌，都有屬於自己的獨特風味，但是在1990年時，台灣的泰式餐廳還沒如目前這麼普及，「瓦城泰國料理」秉持著帶來美味異國料理的想法，開設了第一家店，讓熱情、親切的泰國菜，開啟了台灣泰國料理的市場。

瓦城 泰國料理 THAI TOWN CUISINE

台中市台中港路二段111號10樓（新光三越百貨）

(04) 2252-1733

營業時間：平日11：00～15：00；17：00～22：00
　　　　　例假日11：00～22：00，無公休日

價　　位：平均每人500～550元，套餐465～630元

刷　　卡：可

網　　址：www.thaitown.com.tw

1990 年，瓦城泰國料理的第一家店，位在台北市仁愛路上，一開幕就大排長龍，想要嚐鮮的食客們，總是讓餐廳座無虛席，道地泰式美味深受消費者喜愛，也在台灣掀起泰菜潮流。目前，瓦城總共有 30 家分店，其中台灣 3 大百貨，也都有瓦城的身影，以連鎖餐飲品牌來說，瓦城可以說是台灣目前規模最大的泰式料理品牌。

有堅持 料理標準嚴謹

即便在泰國料理餐廳競爭激烈的現在，瓦城位於百貨公司內的分店，仍舊常有一長串的等候名單。能夠收服這麼多人的胃，不僅只是泰式料理特有的風味迷人，瓦城也有一套宛如選美般的食材挑選標準，以及精準的料理手法。在泰籍行政總主廚 Masuk Rayong 的領軍下，從泰國北部常見的烤肉類料理，中部著名的海鮮類料理，以及南部迷人的咖哩，都在瓦城精彩重現。

食材是美味的關鍵，瓦城不只魚鮮講究，就連空心菜，都有一套嚴格的挑選標準。為了展現檸檬清蒸魚的鮮美，除了選擇七星鱸魚外，對於魚的大小重量，都有規定，對身材斤斤計較，為的就是魚肉能有最完美的嫩度。至於空心菜，不只選擇有機耕作的品種，對於菜梗的直徑，以及切段的長度，也都相當講究。當然，料理過程中的層層關卡，更是嚴謹。

看似簡單的蝦醬空心菜，在料理過程中，廚師必須細心的以多段火候熱炒手法，讓蝦醬的鮮美風味能夠完全融入空心菜，又同時保持蔬菜的鮮綠呈色與清脆口感，讓這道簡單的炒青菜有了更完美的口味層次。

在瓦城的所有菜餚中，最熱賣的月亮蝦餅，每一片的內餡都是由百分之百的蝦子製成，沒有魚漿、花枝漿參雜其中，更嚴選水分含量最恰當的春捲皮，創造出最酥脆的餅皮，以及 Q 彈的蝦肉餡雙重口感，可別小看這月亮蝦餅，每年賣出的蝦餅數量加總起來，高度可是多達 10 棟 101 大樓呢。現在更獨步全台，推出辣味、檸香與全麥 3 種新口味的月亮蝦餅。

有創意　4 種月亮饒富食趣

帶有辣香但不會太刺激的辣味月亮蝦餅，把特製辣醬拌入鮮蝦肉餡，小小的辛辣讓人驚喜。帶點南洋風味的檸香口味，則是加入了泰國天然香料檸檬葉與香茅，全麥月亮蝦餅是特別選用全麥餅皮，讓注重健康飲食的人，也能有機會享受月亮蝦餅的美味。

泰籍行政總主廚 Masuk Rayong，雖然常駐台灣，每年還是會回到泰國尋找新的食材、新的靈感與創意，不定期推出新菜色。而甜點與飲料也讓人感受到無比的誠意，充滿茶味的泰式奶茶，以及給料非常大方的摩摩喳喳，不論冰熱都能成為一餐的完美句點。

在瓦城用餐，很難不被以桃紅色系為主的裝潢，感染愉快的氣氛，加上服務人員親切而沒有距離感的服務，更讓人倍感貼心，是一處讓人能盡情享受泰式美食的餐廳！

原味月亮蝦餅

瓦城銷售第 1 的招牌菜！內餡真材實料的使用 100% 純鮮蝦製作，再經過選蝦、保鮮製作、處理、酥炸烹調等 108 道調理步驟，都經由廚師們用心調理，一入口就嚐到鮮、脆、厚、Q 的美味層次。

檸檬清蒸魚

要成為這道菜的主角可不容易，品種為七星鱸魚，還得是 8.5 兩～ 10.5 兩之間的重量才行，因為這個大小的鱸魚，肉質最好，再加上鮮榨檸檬汁、蒜末及辣椒等特調醬汁蒸煮入味，一道飄香的魚鮮料理，等著你大快朵頤。

辣炒牛肉

講究最佳口感，瓦城特別選用油花比例完美的牛小排，在主廚精湛的火候掌握技巧下，肉汁不流失的同時，又融入了番茄的酸甜與香辣的滋味，豐富的滋味幾乎是每桌必點。

青木瓜沙律

這道泰國經典涼拌菜，是將爽脆的青木瓜絲、長豆、小番茄等新鮮材料，加入特製泰式涼拌醬與清香檸檬汁椿拌至絲絲入味，酸中帶著些微辛香，讓人胃口大開。

異國風味

皮耶小館

高貴不貴　巷弄法式小館…

法式料理的精緻與美味，是不少人心目中的頂級饗宴，多數人也往往認為，吃一頓法式料理，得花上大筆銀子，坐在擁有裝潢高貴的餐廳中。但是位在台中的「皮耶小館」，打破了這些法式料理的刻板印象，親手打造了一個法式鄉村風的環境，用純正的法式料理精神，提供一道道高貴不貴的法式佳餚。

台中市龍井區遠東街 121 號
(04) 2631-0641
營業時間：午餐 11：30～15：00；
晚餐 17：30～21：30；
周一公休
價　　位：套餐 500～660 元
刷　　卡：可

「法國料理的重點在於呈現食材的原味，調味只是提出味道的安排，主要的任務是把味道提出來。」皮耶小館的主廚陳世祿一語道出法國料理的精髓。為了一探西餐的奧妙，曾經赴法國學習料理的他，對於料理以及法國料理該如何呈現，有獨到的想法。

有堅持　食材精挑細選

一般人的刻板印象中，要上法國餐廳吃飯，不僅所費不貲，在高貴的室內裝潢下，也難免有距離感。陳主廚希望能讓更多人接觸到法國料理，因此自己身兼老闆，取得價位與品質的平衡，並且以歐式鄉村風格，以及較為實惠的價格，拉近餐飲與消費者間的距離，皮耶小館便是在這樣的概念下誕生了。在住宅區的小巷裡，色彩鮮明的歐洲風外觀，就像是國外的家常餐廳般；但是，提供的料理卻是足以媲美星級飯店的。

法式料理中最重要的便是食材本身，在陳主廚的要求下，連麵包、甜點都是由

餐廳自行製作。圓形的法國麵包，外皮酥香，內層依照台灣人習慣的口感，則較為柔軟一點。烤布丁，用了品質好的麵粉，成了客人口耳相傳的美味。陳主廚笑著說：「用料選擇好一點的，滋味自然就出來了」。

麵包與甜點都如此用心，當然，重頭戲的主餐更是讓人一試成主顧。店裡雖然沒有繁多的菜色，但是每一道都是經典中的經典，每一道菜也都有各自的擁護者。法式料理著名的鴨肉料理中，嫩煎鴨胸用的是口感、味道都不輸法國進口鴨肉的台灣櫻桃鴨，但是油封鴨腿，卻堅持使用進口鴨腿，因為台灣櫻桃鴨的鴨腿，處理過後肉比較厚，經過需要低溫長時間的油封手法後，肉質會比較乾柴。同樣都是鴨肉，陳主廚卻為了料理各自該擁有的口感與味道，選擇使用兩種不同的鴨種。餐廳內另一項高人氣的鮭魚，更是來自加拿大與生魚片同等級的現流鮭魚，醬汁則是搭配青醬，用來突顯海鮮的美味。即便是常見的雞腿，其淋上的醬汁也都是用雞骨頭和雞肉精心熬製出來的。

有使命　呈現食物原味

如此講究的風味，平均每人的花費比市面上的法式料理餐廳都要來得實惠，讓不少吃遍各式頂級料理的饕客，也愛上皮耶小館。

陳主廚還希望透過這個小館子傳達品嚐食物美味的正確觀念。尤其是現代人飲食當中多半有過多調味，麻痺味蕾的狀態下，讓大家幾乎無法吃到食物本身的美味，甚至還將過多調味過後的味道誤以為就是食物本身的味道。但是，來到皮耶小館，你可以放心的將你的味覺體驗交給陳主廚，看看正宗法式料理的風貌，嚐嚐什麼才是食物的原味。

紐西蘭羊肩排

年齡 6 個月內的小羔羊，有羊肉本身特有的肉質美味，口感上咬起來既軟嫩又有咬勁，佐肉的醬汁當然是最速配的迷迭香醬汁。完美經典的搭配，是店內許多客人的最愛。

嫩煎鴨胸

比起進口的鴨子，台灣的櫻桃鴨肉質也不遑多讓。主廚精準的掌握火候，讓鴨胸保有軟嫩的肉質，鴨肉特有的甜味也都被引了出來。切成一片一片的，是適合就口的厚度。

香煎鮭魚襯青醬馬鈴薯泥

大家熟悉的鮭魚料理，皮耶小館特別選擇與生魚片同等級的鮭魚。不論是魚肉的新鮮度或是肉質的嫩度，都是上上之選。主廚以紅酒醋醬汁來搭配，並且加上特製的青醬馬鈴薯泥，以及番茄水果莎莎與洋蔥絲，清爽沒有負擔。

欣葉日本料理

日式 buffet　一次吃個過癮…

日本料理餐廳形式多樣，有大眾食堂、居酒屋、拉麵店、懷石料理餐廳、壽司專賣店等等，但是不論在哪一種形式的日式料理店用餐，都得單點，有時候想多吃些不一樣的，就得多點，就怕肚子不爭氣，浪費了美食。如果可以盡興地享受日本料理，甚至是貪心地每種都可以嚐到，那應該是個很特別的經驗。欣葉就在這樣的想法下，於 1997 年，開創了日式料理在台灣的新形態。

台北市中山北路 2 段 52 號（中山店）
(02) 2542-5858
營業時間：午餐 11：30 ～ 14：00；
下午茶 14：30 ～ 16：30；
晚餐 17：30 ～ 22：00
價　　位：平均每人 460 ～ 750 元；加 10%服務費
刷　　卡：可
網　　址：www.shinyeh.com.tw

五星級飯店的自助餐廳，一字排開的自助餐檯，有冷盤、熱食、甜點、飲料、冰淇淋，任人自由取用，在「欣葉日本料理」之前，幾乎不曾在日本料理餐廳見過這種供餐形式。欣葉在十幾年前，大膽的把日本料理與自助餐結合起來，成了獨樹一格的日本料理店。

保新鮮　師傅坐鎮現做

雖然是自助餐形式，但是欣葉日本料理仍舊秉持日本料理講究、細緻與美感的料理精神，店裡包含飲品，有多達 150 多種品項，每一項都是手工製作，用懷石料理的態度，遵照古早「不時不食」的原則，以當季最豐沛、滋味最好的食材來呈現每一道料理，就連紅豆湯和味噌湯，也會因為季節的更迭，調整口味。

餐廳內供應的項目也一點也不馬虎，前菜、醋物、生魚片、湯品、烤、燒、炸物、煮物，甚至是熱炒的中華料理，以及西式甜點，還有現調的飲料、日式沙瓦，應有盡有。而且每道菜精巧的份量，都有擺盤的巧思，在取餐區逛一圈，竟然有種像是在參觀一個個美食藝術品的感覺。

為兼顧賞味期限及料理品質，每個取餐區都有師傅坐鎮。生魚片師傅，會依照你想吃的魚類，現點現切。壽司檯也是，若想吃的壽司沒了，師傅馬上做給你。欣葉日本料理美味的佳餚，隨著季節轉換的巧思，更是精彩。曾推出春櫻麻糬和櫻餅，把美麗的櫻花意象融入食物中，讓人好像到了日本櫻花樹下野餐。夏天時，把盛產的蔬果，芒果與酪梨，做成酪梨壽司與芒果壽司，既好看也好吃。欣葉日本料理除了午、晚餐，還有下午茶時段，而且不論哪個時段，沒有任何餐點或飲料需要另外計費。

有撇步 按種類依序吃

欣葉日本料理中山店，把日式老宅裡的庭園風情引進室內，一樓有日式拉門區隔的座位區，在走道間行走，像是走在日本鄉下小巷子裡。取餐區位在二樓，動線流暢，餐檯與餐檯間，走道寬敞，讓取餐的過程非常舒服而且輕鬆。

料理長還在桌上製作了小卡片，叮嚀大家正確的用餐順序，從前菜開始，緊接著依序是，具有開胃功能的醋物、生魚片、湯品，再來就該選擇熱食類的烤物、煮物、炸物以及麵飯類，最後呢，再吃點水果，如此一來，每一種料理類別的風味特性，都能有最好的表現。細心體貼之處，還不僅於此，由於日式料理有不少屬寒性的生冷食物，叮嚀的小卡片中，也提醒客人，如果有身體不舒服的狀況，盡量選擇熟食料理比較好。連客人的健康，都考慮到了，讓人感到超級窩心。

刺身盛合

每日新鮮採購配送的生魚片，是日式料理餐廳不可少的重點。順應大自然、按照時令的欣葉日本料理，每天提供什麼樣的刺身有時不太能確定，但是也唯有如此才能有最新鮮的海味。

經典燒物

燒物也是日本料理中充滿風味的種類，同時也考驗著師傅的技巧，以及食材的鮮度。在欣葉日本料理餐廳裡吃份燒物，不論是串燒或是烤魚，有種正在參加日本祭典的歡樂感。

薄皮比薩

只有中山店才提供的薄皮比薩，會根據時令更換比薩的口味。夏天芒果季節，就製作甜的鳳梨芒果口味，買得到日本茄子，就來個日式茄子風味，甚至還有壽喜燒口味可以嚐鮮呢。

異國風味

欣葉呷哺呷哺

台灣首家　涮涮鍋的元老…

現在隨處可見的小火鍋或涮涮鍋，在30幾年前的台北街頭還非常少見，欣葉的老闆看到了這個尚未開發的餐飲趨勢，便開設了一家涮涮鍋，使用日本進口的銅鍋，主食都是頂級食材，鮑魚、龍蝦、明蝦、大沙公等等，除此之外，還提供燒肉與壽喜燒。30幾年來，僅此一家別無分號，是不少老饕的必訪之地。

台北市雙城街26號
(02) 2595-5595
營業時間：11：30～14：00；17：00～22：00，無公休日
價　　位：平均每人600元
刷　　卡：可
網　　址：www.shinyeh.com.tw

* 欣葉呷哺呷哺每季皆會因應時令調整菜色供應，實際餐點以店內菜單為主。

相信你一定吃過涮涮鍋，或是各式各樣的火鍋料理，有的強調湯頭，有的強調食材，各有所長。而位在雙城街，隸屬於欣葉集團內唯一的涮涮鍋品牌「欣葉呷哺呷哺」，在台北幾乎沒有涮涮鍋的年代，就已經出現，而且30年如一日，從湯頭到食材，甚至是煮火鍋的器皿，都是頂級。

有堅持　連食器都講究

在湯頭部分，大部分的湯底，都是以老母雞湯為基底，經典的湯頭，搭配著上好的食材，怎麼煮都美味。而今年夏季，為了呈現清爽的口感，用了來自澎湖的酸菜，以高麗菜為素材的酸菜，清爽微酸，搭配嚴選的大沙公蟹，即便是在大熱天坐定吃火鍋，也能感受到一股清爽。

對食材講究的欣葉呷哺呷哺，菜單上幾個簡單的火鍋主菜，鮑魚、明蝦、鮮蟳、龍蝦，個個都是頂級海鮮，對涮涮鍋料理來說，能夠提供這樣的食材，肯定要非常有自信，因為海鮮的新鮮與否，一吃就知道。更特別的是，有別於一般的涮涮鍋店，欣葉呷哺呷哺有師傅現場坐鎮，所以你可以將其中一顆鮑魚，請師傅以特調的醬汁蒸煮，享受不同的滋味。也常有客人將其中一隻明蝦請師傅巧手鹽烤，自己創造火烤兩吃的變化。其他肉類，諸如沙朗牛肉、梅花豚或是紐西蘭羊肉，從端上桌的肉盤，一眼就能看出食材的優質。

另外，要特別推薦欣葉呷哺呷哺自製的手工丸子。雪白的花枝丸，把花枝的頭尾都去掉，只取中段口感最好的肉質製作，因此看不到一般花枝丸偶爾參雜點紅色或黑色肉質的現象。蝦丸則是用和明蝦同等級的蝦種製作。還有雞肉丸子，裏頭還加入了雞軟骨，不僅增添口感，也增加鈣質，營養滿分。

講究了食材與湯頭，煮鍋的容器也不可輕忽。從30年前開幕起始，就使用日本進口的銅鍋，金黃發亮的銅鍋，導熱性佳，也容易保溫，食材不會因為高溫或是長時間的烹煮而被破壞美味。

有特色 吃得到古早味

這麼多質優的食材以及用心之處，讓欣葉呷哺呷哺 30 年來，不論涮涮鍋的潮流怎麼發展，或是有各種不同講究頂級料理的火鍋店出現，始終是老饕心目中吃涮涮鍋的首選。

同時，欣葉呷哺呷哺的日系料理風格中，有著一絲台灣餐廳的古早味。菜單上的肉鬆飯和雞蛋麵，更是讓許多人懷念。這裡當然也有欣葉的招牌杏仁豆腐，同樣的技術，同樣的配方，吃完豐盛的涮涮鍋，來碗有台灣味道的杏仁豆腐，超級滿足。

除了美味的涮涮鍋，欣葉呷哺呷哺也有燒肉以及壽喜燒，同樣優質的食材，讓你有不同的享用方法。中午時段，還推出商業午餐，多了幾道日式定食，不想吃火鍋或壽喜燒，也可以嚐到師傅的好手藝。

饕客必點

明蝦鍋

喜愛蝦子的人，可千萬不要錯過這明蝦鍋。碩大的明蝦，輕輕的涮個幾下，紅通通的整尾明蝦就能散發誘人的美味，充滿彈性的蝦肉，則多汁又美味。明蝦鍋通常還會搭配來自加拿大的干貝，以及百分百的手打魚漿，一整鍋的海味，著實讓人振奮。

鮮蟳鍋

特別選用重達 1 台斤的大沙公，嚴格的食材挑選標準，即便不是秋天蟹肥時，也一樣美味。而最怕久煮或大火影響肉質的海鮮，在銅鍋裡完全不必擔心，溫度均勻的銅鍋，可以幫你把蟹的鮮美完全封住，等你好整以暇的慢慢品味。

鮑魚鍋

每顆鮑魚都是拳頭大小，將鮑魚放進滾燙的鍋中，煮熟後細細品味其軟嫩肉質。此外，一定要請師傅再用不同的方法幫你料理，看是要火烤，或是加上蒜蓉清蒸，都可以考驗師傅的功力。

異國風味

紅巢燒肉工房

吧台式燒肉 引領新風潮…

吃燒肉，是充滿歡樂的，三五好友圍著爐火，吃著自己動手燒烤的食物，再來點小酒，歡樂氣氛很自然的蔓延開來。然而，除了和朋友開懷聚餐，燒烤也可以有另外一種風情，那就是吧台式燒肉。圍著吧台坐著，不論是和吧台後的服務人員輕鬆聊天，或是討教食材的美味祕訣，都非常愜意自在。2009 年，「紅巢燒肉工房」首次將吧台燒肉帶進台中，引起了一陣風潮。

台中市西屯區惠中路一段 117 號

(04) 2259-0089

營業時間：每日 11：00 ～ 22：30，除夕公休

價　　位：單點肉盤 120 元起，
568 元 / 單人套餐，1380 元 / 雙人套餐

刷　　卡：可

與「水相餐廳」隸屬同一個水相集團的紅巢燒肉工房，用餐區就位在水相餐廳內。雖然如此，但是擁有獨立的空間，以及獨樹一格的裝潢風格。鮮豔的紅色調搭配大量暗色系，熱情中帶點穩重，也呼應了燒肉店的熱鬧氣氛。晚餐時段，當桌桌點起爐火，吧台邊也燃起一爐爐炭火時，火光和室內色調的搭配，相得益彰。而服務人員熱情輕鬆的服務態度，也成為來這裡用餐的一大享受。

有堅持　展現食材原味

對燒烤店來說，燒烤的方式，是能否展現食材美味的關鍵。紅巢燒肉工房選擇用比較麻煩的炭火燒烤，因為唯有燒得均勻通透的炭火，才能夠把食材的美味都鎖住不流失，更能充分展現頂級食材的美味與香氣。同樣地，由食客自己燒烤，也是食材品質優良與否的考驗，如果真的沒有把握，當然也可以請服務人員代勞。

看著紅巢燒肉工房的菜單，和牛牛舌、安格斯牛五花、黑豚五花、魚腹膠、加拿大生蠔、霜降黑豚等等，這些食材的美味，想必饕客們都不陌生，也難怪每到用餐時間，總是座無虛席。這些美味的頂級食材，最正確的品嚐原則，當然就是原味。因此店內的肉品都沒有經過醃漬，百分百新鮮原味上桌。另外，雖然紅巢燒肉工房也備有烤肉醬，但是內行的食客都知道，面對這些好的食材，頂多擠上一點點檸檬汁，就能享受鮮美的的原汁原味，太多的醬料反而掩蓋了食物本身自然的味道。

有創新　坐吧台吃燒肉

紅巢燒肉工房是第一家將吧台式燒肉引進台中的店家，為此，還跑遍知名燒肉餐廳取經。店內的吧台設計，讓一個人也想吃燒肉的客人，有了絕佳的座位，不必老是一個人占著一張大桌子，還可以和吧台後的服務人員聊聊天，問問關於食材的故事，討教一下怎麼烤最好吃，甚至只是單純的閒話家常，讓坐在吧台成為一種獨特的體驗。在紅巢燒肉工房，有不少客人因此和店內服務人員變成了朋友。

紅巢燒肉工房，除了單點之外，也規畫了套餐，不知道該怎麼點餐或不善於搭配食材的人，也可以輕鬆的嚐遍燒肉美味。目前有單人套餐與海陸雙人套餐，單人套餐從主餐、沙拉、小點、主食、甜點到飲料，通通都有。雙人套餐則除了頂級牛肉之外，還有豬肉、雞軟骨與霜降黑豚；海鮮部分則除了常見的草蝦、柳葉魚之外，還有魚腹膠以及加拿大生蠔，豐盛的套餐，不管幾個人都可以吃得好飽好飽。

下次想吃燒烤時，就算揪不到一群朋友同歡，也可以自己來享受一下了，看看你能不能在紅巢燒肉工房，用一頓飯的時間交到一個新朋友。

頂級和牛鹽蔥牛舌

鹽蔥牛舌，是到燒烤餐廳必點的菜色，紅巢燒肉工房更大方的選用頂級和牛。鮮嫩的牛舌，多半會搭配鹽蔥醬，等到單面烤熟後，將包裹著鹽蔥的牛舌一口送進嘴中，肉汁瞬間將鹽蔥與牛舌融合，更顯美味。

炭燒大腸頭

紅巢燒肉工房的大腸頭，事先經過長時間的浸滷，讓大腸頭本身充滿風味，經過炙熱的炭烤後，滷汁的香氣與大腸頭本身的油脂都讓高溫給逼了出來。所以，記得動作要快，當表面焦脆時，就趕快離火，因為這時候的大腸頭外焦內嫩，是最美味的時候。

炙燒起司飯糰

走日式燒肉風格的紅巢燒肉工房，飯食以茶漬飯與飯糰為主。炙燒起士飯糰有鮭魚以及櫻花蝦兩種口味，不管哪一種口味，上面都會鋪上一片融化中的起司，加上非常精緻的擺盤，是既美麗又美味的飯糰。

「華泰王子大飯店楓丹廳」有著極具法國風味的名字與裝潢，座位區既舒適又具有私密性，和現在強調新潮摩登的西餐廳比起來，有一股溫暖的復古風情。從成立到現在，歷經幾次不同餐飲型態的轉變，目前由江潘維主廚坐鎮，以歐陸料理為主，加入主廚對於料理解構的巧思，邀你一起來趟不一樣的美食之旅。

華泰王子大飯店
GLORIA PRINCE HOTEL
TAIPEI

台北市中山區林森北路 369 號

(02) 2581-8111 轉 1512

營業時間：11：30 ～ 21：30，無公休日

價　　位：每人平均約 700 元

刷　　卡：可

網　　址：www.gloriahotel.com

打開楓丹廳的菜單，16 道前、主菜一字排開，沒有設定好的套餐，沒有搭配好的組合，今天想吃豐盛點，還是簡單一點，都由自己決定。想要份凱薩沙拉，但不需要湯品，緊接著上主菜，沒問題；想要只點杯酒搭配排餐，也可以。不受拘束的點餐，只是主廚解構料理的第一部分，把選擇餐點的自由交還給客人。

有創意 客人參與料理

上菜時，你也可以參與料理最後的完成過程。以常見的奶油水波蛋培根義大利麵來說，主廚將所有元素獨立出來，分別呈上。因此，你會見到的是烤好的整條培根、水波蛋、干貝等等，你可以先單獨品嚐每一個元素的味道，再決定你要如何將這份義大利麵 Mix 在一起，讓料理最後的

味覺整合過程，開放給你參與。除了讓消費者能夠藉此體驗主廚的巧思外，其實這也是對廚師的大考驗。因為如此一來，盤中所有的食材，不論是主角或是配角，都有機會被單獨檢視，任何環節都馬虎不得。這樣的方式也獲得了不少老客人的正面回響，可見主廚的巧思與用心，透過食物百分之百地傳達了。

在歐陸料理的傳統下，主廚也以在地食材，創造出新的特色。西餐中常見的雞胸肉料理，主廚是用具有亞洲風味的烏骨雞胸來替換。烏骨雞本身強烈的風味以及肉質的特性，導致烹調的火候、搭配的配菜或調味料，都得重新思考，並且要做出讓外國人眼睛一亮的在地版本，以及讓台灣人讚歎的烏骨雞西餐精緻版本。要達到兩種不同飲食文化的期待，的確不容易，但是楓丹廳做到了，成就了另一道有故事的特色料理。

名副其實黃金湯 Consomme

在楓丹廳的菜單中，有一道源自法國經典料理黃金湯的鴨肝松露水波蛋佐澄清雞湯。上菜時，先送上水波蛋、鴨肝、松露油以及些許黑海鹽，才淋上雞湯，食材與雞湯相遇的瞬間，松露香氣自然竄出，水波蛋則與雞湯形成濃郁的湯汁，是道兼顧視覺與味覺的佳餚。而畫龍點睛的澄清雞湯，其實就是法國料理中的黃金湯。這款雞湯先以雞骨頭熬煮，再加入雞肉進行第二次的熬煮，期間必須不斷地撈出浮渣與其他雜質，直到湯色呈現金黃色澄澈的高湯才算完工。即便在歐洲，願意如此花費心力提供黃金湯的餐廳也不多了。

有經典　不怕做工繁複

此外，還有許多做工繁複的經典料理手法，也都可以在楓丹廳見到。比方說，由 1 公斤的龍蝦頭與等量的水，反覆過濾；熬製到最後剩下不到 100ml 的天鵝絨醬汁，打成泡泡後，成為餐盤上最美的風景。而就連許多義大利餐廳都沒有提供的麵疙瘩，更是必須每天現做現煮。以馬鈴薯為基底的麵疙瘩，香氣與口感皆讓人難忘。

午、晚餐的料理精彩無比，下午時段也有正統的英式下午茶供應，三層點心盤擺放著各種甜鹹點心，自家廚房製作的司康、三明治等等，深受女性朋友的喜愛，周末時記得先預約，才能好好享受，在法式風格餐廳中，品味英式下午茶的美好時光。

楓丹脆煎櫻桃鴨胸

台灣在地的櫻桃鴨胸，帶著特殊的鮮甜口感。先將表皮煎得香酥後，再送進烤箱烘烤。主廚以蜜製櫻桃與無花果乾的酸甜味道，來與鴨肉呼應。配菜則是以夏威夷冰錐豆搭配，特有的香氣和口感，為風味濃郁的主菜，帶來一點清爽的口感。

炭烤鮮蔬牧場豬排

使用來自美國蛇河農場的頂級黑豚，純淨的天然環境以及天然穀物飼養的黑豚，油花宛如大理石紋路般。楓丹廳以最原始的炭烤來料理，呈現食材的原味，搭配自製的海藻鹽，襯托頂級黑豚的美味。

楓丹嫩煎鮮鮭

除了加拿大現流鮭魚，淋上的醬汁也無比精彩。這款天鵝絨醬汁，以煎過的龍蝦頭熬煮而成，鮮甜無比。經過主廚的一番巧手，讓醬汁化身成雲般細緻的泡沫，包裹著鮭魚，讓這道料理宛如一位絕美名媛。一旁的麵疙瘩，外層煎得焦香，入口彈牙，又充滿馬鈴薯的香氣。

異國風味

雅室牛排館

尊重的心意　抓住饕客的胃…

「雅室牛排館」位在東區安和路的巷弄內，這一帶一直都是餐飲業的一級戰區，舉凡高級餐廳，或是人氣名店，甚至是餐飲的最新趨勢，都聚集在這一區，競爭激烈可想而知。然而 18 年來，即便不少餐廳更迭，人潮來來去去，雅室牛排始終在巷內一個轉角的店面，服務著熱愛牛排的饕客，不曾改變。

Continental Style Steak House

台北市大安區安和路一段 49 巷 10 號 1 樓

(02) 2775-3011

營業時間：每日 08：00 ～ 22：00，除夕、初一、初二公休

價　　位：平均每人 1000 元

刷　　卡：可

網　　址：www.steakinn.com.tw

能夠抓住饕客的胃，整整 18 年，那可不容易啊，因為在台灣專營牛排的餐廳不少，對消費者來說選擇眾多，然而，雅室的牛排美味之處，不是在於花俏的料理手法，而是對食材的照顧與重視，以及款待客人的尊重心意。雅室牛排副總經理賴鴻昌說：「料理是會說話的。」一份餐點上桌，精明的饕客可以看得出來，這道料理是否用心，甚至烹調者的心意都能顯現。從盤飾、盤子的乾淨程度，料理的熱度、食物的新鮮度，以及美學層次的色彩，還有牛排的重量等等，每一個細節都可以看出端倪。

有堅持　重視細節處理

這些細節都還是只是雅室要求的一部分。餐盤上的牛肉，從牛肉送到店裡的那一刻起，就受到各種不同的照顧與保護。肉商送來的牛肉，以真空包裝，安放在箱子裡，雅室連這個箱子都不能落地，因為箱子會跟著牛肉一起進到廚房，當然要杜絕任何可能的汙染。而移動牛肉時，為了不讓手的溫度影響

肉質的變化，得戴上棉手套；為了保護真空包裝的完整，必須用抱的，以免單手拿取扯壞了真空包裝，讓空氣滲透進去。為此，主廚必須在肉商將肉送達時就在餐廳守候，也因此，雅室為了牛肉開闢了早餐時段，迎接牛肉的同時，也歡迎大家來牛排館吃早餐，這也成了雅室多年以來的傳統，當年，更是台北市最早提供早餐的牛排餐廳。

除此之外，對於牛肉的處理，都是等點餐後才開始分切，不事先切好等著料理，目的是為了減少與空氣的接觸。而在顧客看不見的地方，包括，牛肉的貯存、分切到烹飪，雅室總共有 18 個管制點，全都是為了牛肉品質的控管而設計的，雅室牛排對於牛肉認真的態度，讓人印象深刻。

有態度 服務發自內心

除此之外，一進門就可看見的活跳跳大龍蝦，也是雅室的另一個明星。早在民國 83 年，雅室就推出了龍蝦大餐，因為這是唯一可以和牛排美味匹敵的海鮮料理，只不過當時因為是首度嘗試，選擇冷凍大龍蝦，但是仍然是以一天一箱龍蝦的速度，被饕客們吃下肚了。在累積了許多料理龍蝦的經驗後，從去年底開始，引進活體加拿大龍蝦，肉質更鮮美，口感更好。

除了主餐讓人口水直流之外，讓大家口耳相傳的還有酥皮濃湯。然而，雅室牛排館的酥皮濃湯，至今仍堅持繁複的做工，一層一層的擀製，難怪酥皮漂亮蓬鬆且香氣迷人。送上桌時，服務人員會先將酥皮挑起，讓你先好好品嚐濃湯的鮮美以及酥皮的原味，最後當然可以再把酥皮泡進湯裡。

牛排餐廳對許多人來說，是特定目的的用餐選擇，舉凡慶生、升遷、畢業、老友相聚，甚至相親等等，各種值得慶賀的場合，多半人都會選擇到牛排館來慶助。也因此，服務給人的感受，往往也是用餐時的一大重點。雅室用「愛」作為經營管理與服務客人的出發點，因為唯有如此，不論是服務人員與客人之間的互動，餐廳員工之間的人際往來，才能包含著尊重，也因此不需要制式的服務流程，服務人員發自內心的尊重態度，既親切又不失禮，讓人倍感貼心。

蒸烤加拿大活龍蝦

去年年底引進的活體加拿大龍蝦，就住在餐廳一進門的水缸裡。現點現做，用清蒸的方式提出龍蝦的鮮甜，還有彈牙的口感。不需要多餘的調味，撒上點海鹽，就可以讓人露出滿意的笑容。

爐烤美國紐約客牛排（12oz.）

在雅室牛排的熟客群中，紐約客牛排也有著超高的人氣。肉質略有嚼勁，並帶有微微的嫩筋，油花分布均勻，吃起來充滿口感，滿嘴肉香，是美國人心目中的最愛。

爐烤頂級黑牛老饕牛排（8oz）

襯鮮鵝肝

老饕牛排是雅室的招牌菜色，取自肋眼的上蓋肉，是肋眼當中最精華的部分，非常稀少且珍貴，經過高溫爐烤後，外層香酥肉質軟嫩。最棒的熟度就是 5 分熟了，提供了老饕牛排軟嫩又有嚼勁的口感，以及肉質本身的甜美。

泰式料理的辣與酸，是時下不少年輕人喜愛的風味，在夏天，既開胃又下飯，在冬天更可以暖暖身子。女生們也非常熱愛泰式料理中的涼拌系列，不只有飽足感、熱量低，還兼顧美味。台灣泰式餐飲品牌之一的「晶湯匙」，除了提供美味的泰式料理，滿足不少喜愛泰式料理的饕客外，更不時有主廚的創意菜色出現，精緻又時尚的餐廳空間，還曾經成為求婚現場。

晶湯匙
Crystal Spoon Thai Food
泰式主題餐廳

台北市忠孝東路 3 段 300 號 10 樓　（復興 SOGO 店）

(02) 8772-5006

營業時間：午餐 11：00 ～ 16：00；
晚餐 17：00 ～ 22：00，
無公休日

價　　位：單點平均每人 550 元，套餐平均 495 元

刷　　卡：可

網　　址：www.crystalspoon-thai.com

所有分店都位在百貨公司內的晶湯匙，用時尚的裝潢，挑戰大家對泰國菜的既定印象。菜單上從涼拌、酥炸、咖哩、魚鮮、燒烤、蔬菜、煲類料理到湯品，種類之多讓人目不暇給。且有設計完整的套餐，2 個人吃得精巧，6 個人則可以品嚐多道經典泰式料理，人更多有桌菜式的合菜可選擇。

有堅持　SOP 流程控品管

自己擁有中央廚房以及物流車隊的晶湯匙，從採買食材開始經過層層把關，每一道經典菜餚的料理過程，都精細的分析轉化成 SOP 流程，這也是不管哪一個分店，十年來美味絲毫不差的原因。

蝦子，選用肉質 Q 度高的藍鑽蝦，不論是剁碎做成蝦餅，或是放入夏日裡每桌必點的涼拌海鮮中，蝦肉的 Q 彈咬勁都讓人難忘。魚類料理中，經典的清蒸檸檬魚，選擇 1 公斤重的鱸魚，與限量的石斑料理一樣，每天現買現殺，新鮮百分百。花枝類的料理，則視時令而定，要花枝還是軟絲，端看此時誰最甜、最

脆，接著便整批買下。當然，來自泰國的香料，諸如：香茅、檸檬草、南薑等等全都由產地直送。

有創意　菜色餐盤妙組合

除經典泰式料理佳餚之外，晶湯匙也有不少新創意。涼拌類的酸辣生干貝，用肥美的生干貝取代生蝦，讓喜歡酸辣生蝦美味的人，可以試試新的組合，不敢吃生蝦的人，更可藉著這道菜，好好認識泰式料理中酸與辣的完美比例。好看又好吃的瑪莎曼南瓜牛肉，則是用漂亮的日本南瓜當作盛裝容器，注入西式的擺盤美學，讓泰國菜的餐桌，有美味也有話題。而燒烤類的香茅烤蝦，烤好的蝦子，都串上美麗的竹籤，擺放在透明的杯子裡，一隻隻烤得紅通通的蝦子，看起來更讓人垂涎三尺了。

除了料理的呈現之外，晶湯匙也將這講究的心意延伸到餐盤上。不以純白色的盤子來表現料理，反而每一類料理都有特定搭配的餐盤。像是月亮蝦餅所使用的藍白花紋盤，木瓜沙拉則是用剖半瓜類形狀的青綠色盤子，各式精美的盤子，全是由泰國一位純手工製作的師傅提供。

晶湯匙的美味，也吸引了泰國皇室認可的美食評鑑官方單位，更因此獲泰國皇室官方單位選為「全球泰精選餐廳」，這個由泰國皇室發起的泰式餐廳評選，走遍全球針對泰式餐廳進行祕密評量，能獲得這樣殊榮，可不簡單呢。

瑪莎曼南瓜牛肉

濃郁的紅咖哩，配上肉質細嫩的菲力牛柳，不只味道與口感兼具，晶湯匙更將南瓜化身成容器。由日本進口的南瓜，色澤鮮豔，美味又漂亮，這可是主廚們的創意之舉喔。

月亮蝦餅

百分之百純蝦泥，加上當日現做的春捲皮，就成了招牌月亮蝦餅。當然這也是泰式料理餐廳，不可缺少的經典料理，不管今天是姊妹淘小聚或是家族聚餐，都別忘了點上一盤。

涼拌海鮮

草蝦、花枝、蟹肉、淡菜等水中的美食天王，加上芹菜、小番茄、小黃瓜以及洋蔥等色彩豐富又有強烈風味的蔬菜，再淋上主廚特調的涼拌醬汁，酸酸辣辣，是店裡女性顧客的最愛。

清蒸檸檬魚

選擇重達 1 公斤的鱸魚，用大火蒸 8 ～ 10 分鐘後，就能達到美味的巔峰。主廚特別調製的檸檬醬汁，不僅是魚肉的最佳提味夥伴，帶點辣味的醬汁，也讓整條魚的鮮味更加明顯。

異國風味

菊鶴四季海鮮料理

美味無敵　芳鄰吃成常客…

日本料理對台灣民眾來說，是再熟悉不過的飲食型態，無論是生魚片、拉麵、壽司、定食，相信每個人都有自己的美味清單。位在寧靜的天母北路上的「菊鶴四季海鮮料理」，憑藉著對食材精準的掌握，用美味立足18年，成為天母地區歷史最悠久的日本料理名店。

台北市天母北路60號

(02) 2874-0047

營業時間：11：30～14：30；17：30～22：00，無公休日

價　位：140～1800元，部分料理時價

刷　卡：可

網　址：www.28740047.com

從台北東區出現第一家日本料理店開始，現在菊鶴四季海鮮料理的主廚兼經營者卓清榮，就已經投身日本料理界了。當時的他，初中畢業，還只是個學徒，但是從小在海邊長大的卓老闆，早就已經擁有分辨魚貨的精準眼力，通常他只需要看上一眼，就可以知道魚貨的新鮮程度，而長年在日本料理界耕耘，更練就了一身不凡的手藝。

有堅持　全是頂級食材

30 多年的日本料理經驗，讓卓老闆端出的料理，每一盤都是絕妙美味。而日本料理的手法，最重要的便是呈現食物的原味，因此食材的品質好壞，是成就美味的關鍵，這當然難不倒小時候住在海邊，幾乎是吃魚長大的卓老闆。

店裡不只有每日採買的新鮮魚貨，更有來自世界各地的頂級食材，舉凡日本的毛蟹、海膽，澳洲的鮑魚、法國的生蠔，每項食材都得經過卓老闆的認可，才能出現在菊鶴的廚房裡。而為了食材的新鮮，吧檯前還打造了活水缸，養著這些遠道而來的嬌客們，而食客們看不見的地方，卓老闆也根據食材產地的生活環境，設置了不同溫度的活水缸。

除此之外，對於米的選用，卓老闆也有嚴格標準。過去其實就已經選用成本較高的越光米了。直到發現了來自台東、花蓮一代的米種，比起越光米更香、更甜、更Q，並且還獲得日本米食味鑑定協會的認可，便全面改用這個在頂級超市1公斤售價高達200元的米。

有誠意　菜色多無低消

難怪榮總的醫師們，舉凡有午餐會議，多半會向菊鶴訂購便當，而附近的居民，除了是鄰居還是店裡的常客。因為這裡有位對食材極度挑剔，又有著豐富料理經驗的主廚在把關。用美食交朋友的卓老闆，不設低消的誠意，讓人即便只想吃幾貫握壽司也不必擔心。而且菊鶴從傳統的日式料理到精緻的懷石料理，甚至是壽喜燒，加入台式熱炒手法的佳餚，外帶的定食便當等都提供，滿足了各種不同的客人，當然，更可以每次都嚐嚐不同的日式美味。

卓老闆不只料理功夫到位，對於用餐環境，也有一番想法。六年前接受設計師的建議，以比較現代的色系取代古味十足的日式風格裝潢。同時間重新設計的木質菜單本，到現在都還飄著木頭香呢。

來菊鶴品嚐師傅的好手藝，記得要選擇吧檯邊的座位，這可是不少熟客或老饕的標準座席。坐在這裡，不只看得見新鮮，還能跟師傅討論料理方式，別怕叫不出那塊看起來很好吃的魚肉的名稱，儘管開口問，這才是吃日本料理過程中，最吸引人的地方，不是嗎？時值秋冬之際，菊鶴當季捕撈的蟳蟹、大明蝦與旗魚正肥美，此時不嚐，就得等明年了。

饕客必點

紫蘇揚

用來自日本的紫蘇葉，包裹著干貝、蝦子以及花枝漿，新鮮的海味光是用想的就已經快要流下口水，經過油炸後，紫蘇葉的香氣以及油炸後的酥脆口感，讓美味更上層樓。

鮮筍素燒

夏天竹筍季節一到，菊鶴便會推出這道季節限定的招牌料理。鮮甜的竹筍先蒸熟後冰鎮，上桌前鋪上醬汁，經過些微烘烤，就成了這道美味道理。而將剖半的竹筍完整盛盤上菜，更讓人充滿視覺享受。

酪梨壽司

米飯中心包著酪梨，外層還裹上有著迷人色澤的蟳蛋，顏色鮮艷得讓人食指大動，而不同食材的口感與滋味，更在舌尖相互融合，搭配得剛剛好，誰也不會搶走誰的風采，是菊鶴老客人的必點菜。

台北大直店

異國風味

瑞德餐飲

酒食合一　頂級用餐體驗…

美酒與美食向來都是最佳拍檔，但是酒食如何搭配才能完美，可就考倒了不少人。頂級餐廳有侍酒師，依據餐點建議搭配的酒類，但是在國外，以酒為主，先選好酒再由主廚搭配餐飲的方式，也是另一種頂級用餐饗宴。「瑞德餐飲」以相同的概念，以酒商身分，經營法義料理為主的餐廳，要讓你體驗一下，好酒好菜的最完美搭配。

高雄市左營區博愛三路 101 號（高雄店）

(07)348-1069

營業時間：

早餐 08：00～11：00（僅假日供應）

午餐 12：00～14：00；午茶 14：30～17：00；

晚餐 17：30～21：00，周一公休

價　　位：

早餐 230～350 元；午餐 480～550 元（套餐，平日提供單點）

午茶 380 元（一份）；晚餐 780～3800 元（套餐）

刷　　卡：滿 500 元即可

台北市中山區明水路 678 號（台北大直店）

(02)8502-3386

周一公休，營業時間及餐點請上網或來電洽詢

網　　址：http://www.la-riche.com.tw

酒食合一，是讓原本只是單純代理酒的常瑞想要經營餐廳的最初念頭。其實不論是西餐或中餐，料理與酒都有著絕妙的搭配，尤其國外頂級餐廳，更是常常先選好今天要喝什麼酒，再由主廚根據所選的酒，來決定提供什麼餐點。瑞德餐廳，也以這樣的概念設計菜單，每一道菜都有搭配的酒款，也針對獨家代理的酒款，設計出各種創意酒食。完全不懂酒也沒關係，服務人員會提供建議與解說，而且一走進餐廳就會看到大片酒牆，不僅漂亮，也是酒類知識的最佳補給站。

台北大直店

高雄店 VIP 包廂

再充電 遠赴法國習藝

有別於大部分人的印象，酒窖或是以酒藏為主的餐廳，多半以深沉的色調來營造類似酒窖的空間感覺，瑞德卻以白牆、大片的落地窗，以及鮮黃色的座椅，整個挑高的餐廳空間，拉近與客人的距離感，大量的採光更讓人心情愉悅。在這樣的空間中，一格格白色的酒架，一瓶瓶看起來優雅迷人的酒，有興趣的話就走進看看吧，開放式的設計，就是為了讓大家有更多機會可以認識美酒。

台北大直店

至於美食，瑞德的當家行政主廚洪政群，為了更完美的詮釋酒食合一的境界，於 2010 年前往專門提供給精通法式料理的主廚們進修的法國里昂專業廚藝學校 Institut Paul Bocuse，進行密集的廚藝集訓，更在最後集訓結束時的料理測驗中獲得第一名。主廚回台後，將正統南法料理的精髓帶進瑞德，諸如法式低溫舒肥小羔羊與油封鴨腿，都讓大家能在台灣吃到原汁原味的法國菜。

有看頭　擺盤精緻時尚

在瑞德用餐，不只味覺能獲得滿足，視覺的驚艷也讓用餐的回憶更加難忘。從前菜到主餐，精緻時尚卻不誇張的擺盤，呈現了法式料理講究美感的精神，也呈現了主廚一流的美學。

台北大直店

美食美酒對對碰

飲食小典

除了紅酒搭配紅肉，海鮮搭配白酒的基本邏輯之外，常瑞還有好幾款獨家代理的好酒，也都各自設計了搭配的餐飲，下次有機會來到德瑞用餐，不妨考慮一下以下的酒食搭配建議。

•厚岸生蠔佐艾雷島風味檸檬番茄沙司 X 艾雷島泥煤風味威士忌、布魯萊迪泥煤風味 Port Charlotte、Octomore 系列。

•鵝肝 X 皇室托凱甜白酒系列

•松露填充槍烏賊佐巴莎米陳年老醋、薄片牛小排生菜莎莎、羅勒風味燴野菇 X Royal Tokaji 的不甜白酒、布魯萊迪的萊迪十年、Octomore 系列。

分切成 3 塊的小羔羊肉，看似隨意擺放，但是與蔬菜的穿插，卻兼顧了色彩的搭配和線條的美感。一盤常見的義大利帕馬火腿水牛起司沙拉，所有的食材並非平面的鋪排在餐盤上，而是立體的堆疊，每種食材都能看得一清二楚。法式油封鴨腿燉飯，在主廚的巧手下，也有宛如雕塑品般的美感。

不只午晚餐能有如此美好的用餐體驗，瑞德也有早餐。除了三明治、歐姆蛋、可頌之外，紐約客牛肉可頌三明治以及英式總匯歐姆蛋，更是早餐時段瑞德最熱門的餐點，可千萬別錯過。

饕客必點

法式低溫舒肥小羔羊

遠赴法國習藝的洪正群主廚，將在法國里昂廚藝學院中學習到的正宗做法，在台灣重現。以真空低溫的方式來表現羊肉鮮嫩的口感和獨特的風味，而這樣的料理方式，能夠讓小羔羊的肉質更軟嫩更鮮甜，建議食用時，以一口羊肉，再加上一口美酒的方式，更能突顯菜餚的美味。

法式油封鴨腿

油封鴨腿是法式料理的經典菜色之一，搭配食材有大蒜、牛蔥、甘蔥、西洋芹、蘿蔔、百里香、迷迭香、胡椒、海鹽等，再以上等的初榨橄欖油進行油封，風味迷人。主廚建議，品嚐香嫩的鴨腿前，先試試一旁和鴨腿一起油封的蔬菜，一定會讓你大吃一驚。

美國極黑沙朗上蓋肉

使用溼式熟成的牛肉，鮮嫩程度直逼和牛等級肉品，而上蓋肉正是老饕們心目中的頂級部位，即老饕牛排，稀少且珍貴。有別於美式牛排的做法，主廚以法式料理的方式烹調，風味和口感都更上層樓，喜愛牛排的人，千萬不能錯過。

異國風味

禮來居手打烏龍麵

百分百手工　口感一級棒…

一對在飯店結識的夫妻，在餐飲業共同打拚了十多年，為了實現自己對於料理的理想，有了自行創業的想法。在合夥人前往日本東京學習烏龍麵的製麵技術回台後，搭配在地、天然、當季的食材，開發出一道道以烏龍麵為主體的美味料理。「禮來居手打烏龍麵」雖然以提供素食為主，但是卻沒有一絲素食餐廳的感覺，更讓不少葷食主義者，成為店裡的老主顧。

台中市西屯區福林路 10 號

(04) 2463-3592

營業時間：午餐 11：30 ～ 14：00；
晚餐 17：30 ～ 20：00，周日公休

價　　位：平均每人 150 ～ 260 元，套餐 260 元起

刷　　卡：不可

合夥人花了一年的時間到日本學習完整的烏龍麵製麵技術後，禮來居手烏龍打麵的陳老闆希望可以將烏龍麵的好口感介紹給大家，便開始著手創業。起初，台灣的麵粉、溫度、溼度，都和日本差異非常大，在日本學得的原料比例，在台灣完全行不通，禮來居花了好多時間，丟掉了好多成品，嘗試了好多種麵粉，終於找出在台灣製作烏龍麵的最佳比例。

有口碑　連小菜都精彩

而煮過的烏龍麵，還經過手洗，去除掉沾附在麵體上的些許麵粉，再經過冰鎮，才能成就這碗看起來潔白晶瑩的烏龍麵，而 Q 彈滑嫩的烏龍麵，原料只有麵粉、鹽巴與水這 3 樣簡單到不行的原料，所以口感的關鍵，全靠製麵

過程中的手工技術與經驗。好口感的烏龍麵，讓陳老闆即便在冬天，只要不是寒流來襲，都會建議客人點涼麵來品嚐，因為這樣最能吃到手打烏龍麵特有的口感。想吃湯麵也沒問題啦，禮來居的昆布湯頭，前前後後花了十幾個小時製作，清甜爽口，也襯得烏龍麵更加美味。

精彩的不只是烏龍麵本身，禮來居的小菜，也擁有不錯的口碑。例如：金黃豆腐、義式雙茄、花生豆腐等等，都是不少熟客的推薦小菜。而這些小菜，其實一開始是為了讓客人在等候上菜時，不會無聊所研發的。因為禮來居堅持麵不等人，免得破壞了麵條的好口感，沒想到，這些精心研發的小菜，反而大受歡迎。

推薦吃法

一種涼麵 多重風味

禮來居的招牌餐點手打烏龍涼麵，會附上一杯涼麵沾汁，手打的麵條和提味的醬汁，可是有品味步驟的。

麵條原味：先夾取麵條吃吃手打麵條的原味，好好體會一下Q彈滑潤的麵條口感。

沾汁：嚐過原味後，再來試試沾醬醬汁的味道，吸附著醬汁的麵條，別有一番風味。

加入海苔絲：把附在涼麵上的海苔絲放進醬汁當中拌勻，再將麵條沾汁入口，這時海苔的香氣，讓味道又更豐富了。

芥末登場：把沾附在杯緣的少許芥末，也拌入醬汁當中，再沾上麵條入口，從一開始的原味到最後的多層次風味，就都嚐遍了。

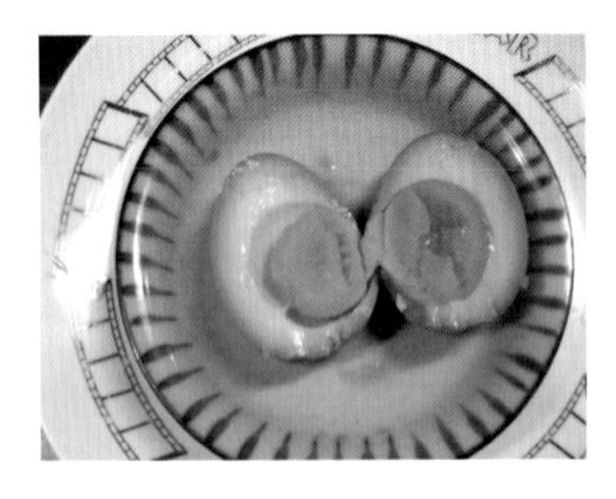

有巧思　製麵體驗行程

禮來居創業之初，有鑑於現代人飲食對健康造成的隱憂，決定以素食為主，不過餐廳裡裡外外，卻看不到一絲素食餐廳的影子，這也讓不少葷食主義者踏進店內，一試成主顧。

除了讓客人吃得健康外，陳老闆也設計了製麵體驗行程，讓大家體驗一下辛苦的製麵過程。把製程透明化除了讓客人安心之外，也可讓參與的人更加珍惜眼前的食物。此外，陳老闆還將台灣的傳統米食加入了體驗行程中，芋粿、粽子、芋頭糕等傳統米食點心，都可以自己做做看，一方面增加體驗的樂趣；一方面也有著傳承傳統技藝的期待。

手打烏龍涼麵

在夏天，這款手打烏龍涼麵最具人氣。可以享受烏龍麵Q彈的口感，又可以避開熱呼呼的湯頭，而且附上的特調醬汁，味道適中，正好襯托出烏龍麵的特性，而且還有不只一種吃法。只沾醬汁、拌海苔絲或調芥末，都各自有擁護者。

花生豆腐

豆腐只是這道菜的形容詞，禮來居的花生豆腐，材料完完全全以花生製成。把新鮮的花生浸泡、磨漿、煮沸以後，加點再來米粉漿與玉米粉漿，再經過一次煮沸的程序，才能靜置成型。老闆建議，搭配薑泥、蘿蔔辣椒泥以及特製的醬汁一起入口，可以感受到前所未有的味覺口感體驗。

狐狸烏龍湯麵

技術源自日本的禮來居手打烏龍麵，也將日本的狐狸烏龍湯麵帶回台灣。這碗為了討好狐仙的烏龍麵，加了狐仙最愛的豆皮，再放進製作炸物時所生的小麵衣，就成了這碗祭拜狐仙專用的烏龍麵。老闆為了降低油膩感，已經捨棄了麵衣，雖然有些小改變，但是清爽湯頭以及可愛的故事，仍然讓這碗麵美味滿分。

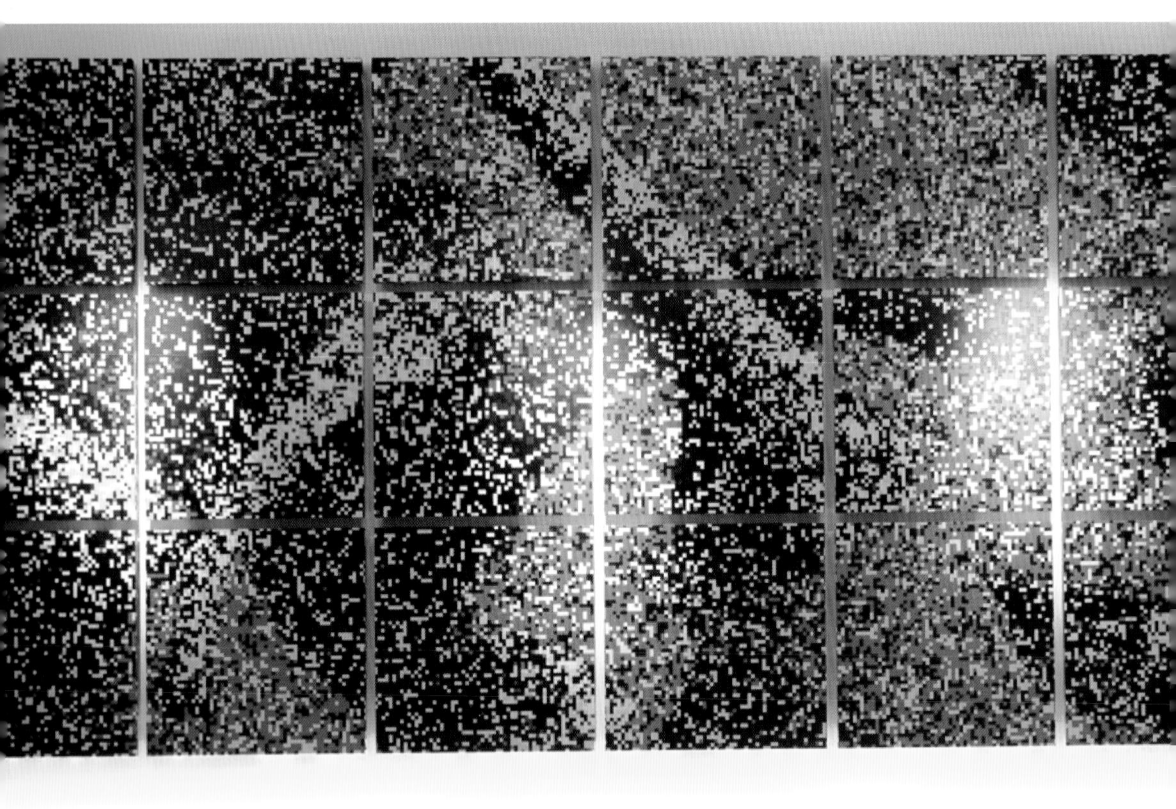

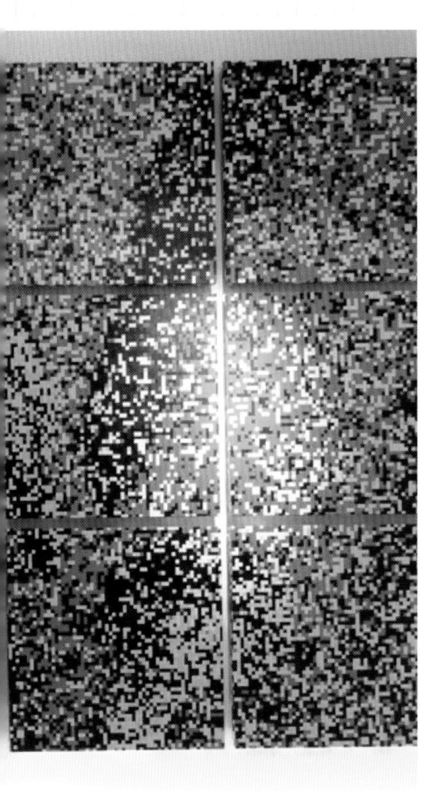

家鄉原味

1010 湘

跨海取經　烹調道地湘菜…

有句話是這麼說的：「四川人不怕辣，湖南人辣不怕，貴州人怕不辣」，一語道出這幾個嗜辣菜系的特色。1010 湘的廚師們，為了將湘菜的美味引進台灣，特別親赴中國鑽研湘菜習藝，並住上大半年，終於體會當地食材的特色，把一道道具有強勁味覺刺激的湘菜，帶回台灣。

1010 湘
HUNAN CUISINE

台北市松高路 11 號 6 樓（誠品信義旗艦店）

(02) 2722-0583

營業時間：㊀～㊃ 11：00 ～ 15:00；17：00 ～ 22：00
㊄ 11：00 ～ 15：00； 17：00 ～ 23：00
㊅ 11：00 ～ 23：00　㊐ 11：00 ～ 22：00

價　　位：平均每人 550 ～ 650 元，另有套餐、多人桌菜。

刷　　卡：可

網　　址：www.1010restaurant.com

一提到辣，大多數的人會想到又麻又辣的川菜館，事實上，除了川菜，湖南菜也是辣中高手。湘菜，不只是辣，還辣得很有層次。細數 1010 湘使用的辣椒，多達十餘種，燈籠椒與乾辣椒，香氣明顯，辣度適中。而通常用來調製成辣油或辣粉的雞心椒，可就真的辣得直衝腦門了。多了一股麻的花椒類，則有紅花椒與綠花椒。當然，大紅椒、野山椒，在 1010 湘的菜單上也少不了。這麼多的辣椒，透過不同的組合，形成了每一道菜獨特的辣味層次，有的爽口清香，有的讓你舌頭發麻，有的彷彿讓身體瞬間加溫好幾度，無論如何，都好吃到讓人無法停下筷子。

有功夫 講究刀工做工

刀工與做工也是湘菜的品味特點。講究刀工其實是為了美味的考量，也是增加口感層次的小祕訣。例如，松子年糕牛肉，將年糕與牛肉都處理成丁狀，一湯匙舀上，所有食材都能一口吃到。而醋溜土豆絲這道菜，切成絲狀的馬鈴薯，搭配酸酸的醋溜滋味，恰到好處。鄉里小炒肉，看似簡單，但是每一片三層肉都得切成 0.2 公分薄，好讓油脂把蔬菜的香氣與美味都提出來。說

到做工，幾道招牌菜色，都有一長串的繁複工序。人氣滿分的神仙孜然肋排骨，要將上等大肋排費工的經過滷、炸、 炒等料理過程，燒椒皮蛋上紅艷的辣椒，也是經過了數十道手續呢。

除此之外，干鍋系列與酸豆角系列，也都是湘菜經典。干鍋其實就是鐵製的炒鍋，在過去農業社會大家庭裡，有什麼材料就全丟進鍋裡，拌著由辣椒和豆瓣醬組成的干鍋醬，乾炒的吃一回，再加點湯又成了另外一道菜。而隨著時代的變化，干鍋有了小巧精緻的尺寸，重口味之外，獨特的風味更成為年輕朋友的最愛。另外，酸豆角系列則是湖南菜中經典的醃菜，道地濃郁的氣味讓人難忘。

對了，記得來碗白飯。不光是因為有辣好下飯，1010 湘的白飯，也有特別的做法。這碗叫做神仙缽飯的白米飯，每一碗都是在碗中放進生米加入適量的水，一碗一碗蒸出來的，上桌前還會送到烤箱烤一下，把多餘的水分逼走，所以才會如此粒粒分明。

任挑選　辣不辣都盡興

不吃辣或是不太能吃辣的人怎麼辦呢？沒關係，1010 湘也有幾道不辣的美味。飲料單上，設計了各種甜度較高具有解辣效果的飲料，如有機甘蔗汁，與台東農場契作，連皮一起榨汁營養和風味都更加分。還有荔枝凍飲，特別由法國空運來台的荔枝與碎冰打碎，加上些許檸檬汁增添香氣風味。

湘菜界流傳著「無辣不成菜」這句話，喜歡吃辣的朋友，可千萬不要錯過 1010 湘，這個絕對比川菜更過癮的湘菜。

饕客必點

燒椒皮蛋

看似簡單的涼菜，其實一點也不簡單。漂亮的大紅椒，從洗淨、油炸、冷卻、去皮、去籽、去膜到醃製，得經過 50 道的料理手續，另一主角冠軍松花皮蛋，還得經過事先蒸煮，才能讓口感更 Q 彈。

神仙孜然排骨

這道火紅的招牌菜餚，是以上好刀工切出最佳肥瘦比例的大支帶骨肋排，經過燙、滷、浸、炸、炒⋯等程序，並加上多達 40 種香料調味，才可以讓肋排在多汁嫩實中帶著獨特酥感與微妙的鹹、鮮、辣、香味。

霸王魚頭

好吃的鰱魚頭當然不在話下，但這道菜的另一個重點便是辣椒。紅辣椒必須在夏天採收，才會有足夠的香氣，再經過一年的醃漬才能入菜。而綠辣椒則是肉質更厚，香味更鮮明的野山椒，兩種辣椒和鮮甜的魚肉搭配起來，酸香爽辣、風味醇厚。

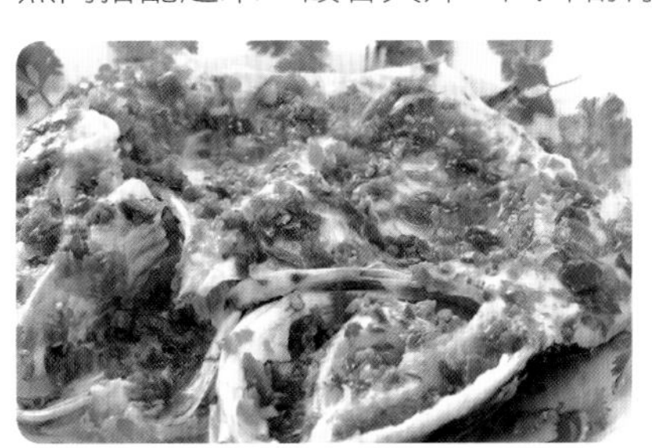

臭豆腐肥腸阿干鍋

這道干鍋料理是 1010 湘的人氣王。用海鹽凝固、天然蔬菜水醃製的自然發酵手工豆腐，搭配軟嫩厚實的大腸頭，以燈籠椒、綠花椒調味，在干鍋中燒煮，越吃越入味。

家鄉原味

京悅港式飲茶

創意無限 老店有新靈魂…

港式飲茶的樂趣，就在於那一籠一籠的小點心，既賞心悅目也美味滿分，小小的份量不會一下子就佔掉肚子裡的所有空間，可以多點幾道滿足貪吃的嘴。而期待著餐車來到自己座位附近，更是樂趣之一。只不過目前港式飲茶餐廳，多半以點餐的方式供應，冒著煙熱騰騰的餐車，已經很難見到了。但是，台中的「京悅港式飲茶」，依舊保留了這項別具風味的傳統。

台中市北區三民路 3 段 179 號 12 樓（中友百貨 A 棟 12F）

(04) 2223-3919

營業時間：㊀～㊄11：00～21：30
　　　　　㊅、㊐10：30～21：30，無公休日

價　　位：平均每人 500～700 元，
　　　　　合菜每桌 5000～8000 元

刷　　卡：可

創業已經 20 多年的京悅港式飲茶，在堅持正統的港式飲茶與港式料理中，也不斷開發新菜色，融入新創意。廚師團隊總是有源源不絕的創意，利用全新的擺盤方式，賦予中菜新的面貌。而餐廳的裝潢也幾經更動，為的就是與時並進，吸引年輕一代的朋友。傳統中的美好，以及新時代的創新，京悅讓港式飲茶耳目一新。

有傳統　又見點心餐車

比起目前大部分的港式飲茶餐廳，京悅保留了傳統的餐車，上頭隨時都有 20 多種的港點可供選擇，不捨棄推餐車的點菜方式，京悅的王老闆有他自己的想法。他認為，餐車在客席間穿梭，可以讓剛完成點菜的客人，不會因為等菜上桌而顯得無聊，大菜上桌前，可以先點些小點心，甚至還可以用來彌補點餐的不足。另外還有一項寓意深遠的含意，就是

可以讓和大人一起來用餐的小孩，練習決定自己要吃的餐點，用眼見為憑的方式，開啟自己的美食體驗。

港式料理中不可少的廣東炒麵、燒臘等，京悅精湛的手藝，讓不少客人豎起大拇指，紛紛表示和香港吃到的一模一樣，甚至還更好吃呢。而創造這些美味的靈魂人物，就是簡玉樹師傅。有 25 年料理經驗的簡師傅，最擅長的就是廣東料理，台菜海鮮、日式冷盤，甚至是異國創意料理，也都難不倒他。除了提供道地的港式風味，簡師傅更將中式的烹調方法，結合西餐講求立體美感的擺盤方式，讓大家熟悉的菜色有了新的風貌。例如，看起來像是西餐菜餚的「紅酒燉羊膝」，用了眾多中藥材燉煮，是百分百的中式料理手法，但是端到客人面前時，卻是西式餐點的擺盤，口味與視覺的衝突，其實創造了很多用餐的樂趣。

有新意　西式白醬炒麵

而至今仍然沒有人能夠學走的「白醬海鮮脆麵」，更是京悅在創意料理上的一大驕傲。總想著如何創新的京悅，大約一年半前，正在苦思新菜色時，主廚和老闆 20 歲的女兒聊著年輕人到底喜歡吃什麼？這時，白醬義大利麵的答案，觸動了主廚的靈感；心想說不定義大利料理中的白醬，可以和廣東炒麵的麵體，激盪出不同的火花。幾經嘗試後，這個全台獨步的白醬海鮮脆麵，成了跨國界創意料理的最佳典範。讓喜愛西餐的年輕人，有機會吃到口感獨特的廣東炒麵，而老一輩的饕客也對這項創新，給予大力讚賞。

京悅在裝潢上大膽的採用黑與白這兩個強烈對比，以個性鮮明的顏色為空間設計的主調，挑戰大家對港式飲茶餐廳的既定印象。風格設計符合了年輕人口味，但是會不會怕流失老顧客呢？聰明的老闆使用近百盞的燈具，增加空間的柔和感，也讓用餐空間明亮，巧妙的化解了時尚空間伴隨而來的距離感。更無價的是，京悅擁有半個大台中燈火點點的美麗夜景，讓餐桌上的料理，有了無可取代的附加價值。

紅酒燉羊膝

看菜名像是西餐，但是料理手法卻是道地的中餐。嚴選帶骨帶筋帶肉的前腿，先經過長達 4 小時的蒸煮，再放進加了多種中藥的燉鍋中繼續燉煮。吃起來所有調味都相當入味，而且沒有羊肉的腥羶味，是道中式手法、西式擺盤的創意料理。

港式蘿蔔糕

京悅的港式蘿蔔糕，讓不少客人大呼和香港吃到的幾乎一模一樣。秘訣是必須選擇台灣當季的蘿蔔，才夠甜。另外，用在來米磨製的純米漿中加入高湯，再加入炒香的蝦米、臘腸，造就了可以和香港媲美的港式蘿蔔糕。

叉燒酥

來到港式飲茶餐廳，怎麼能錯過叉燒酥呢，這其實也是檢驗餐廳是否道地的關鍵美味。京悅的叉燒酥，層次分明的酥皮，以及鹹甜適當的叉燒肉，吃進嘴裡，美妙的滋味征服了不少人。

家鄉原味

紅豆食府

新舊並陳　老滬菜妝時尚…

上海菜，給人的印象是傳統的，充滿舊式情懷。但是，「紅豆食府」卻賦予上海菜一股現代時尚的氛圍。視覺上，從桌面的擺飾，到菜色的呈現，都融入了現代美學的概念，陪襯的音樂則是爵士樂，讓人宛如置身西式飯店。上海菜在紅豆食府裡，像是穿上了摩登又現代的外衣，但是，紅豆食府在菜色上，仍舊堅持著必須傳續經典上海菜的使命，要把上海菜的精髓，和更多饕客分享。

上海菜食
紅豆食府
SHANGHAI SHANGHAI

台北市民生東路三段 129 號 B1
（民生會所．環球商業大樓）

(02) 8770-6969

營業時間：午餐 11：00～14：30；
下午茶 14：30～16：30；
晚餐 17：00～21：30
全年無休。

價　　位：套餐 680 元起

刷　　卡：可

網　　址：http://www.redbeandining.com/

因為人文歷史發展背景的關係，台灣有不少上海菜餐館，但是隨著時間的前進，許多老師傅凋零，加上餐飲業一度講求的創新風潮，讓許多經典的上海老菜一個一個的消失。但是紅豆食府，卻把保留老菜作為目標與理想，即便很少人點來享用，為了老上海菜的美好，仍舊堅持不從菜單中剔除。

有堅持　保留正統原味

為了保留上海菜，紅豆食府費了一番功夫把師出名門的鄭建順師傅，請到店裡來。鄭師傅是上海師傅唐永昌的最後一位弟子，從鄭師傅 19 歲時就帶在身邊，把所有的燒菜絕活都交給了這位年輕的弟子。學得一手正統上海菜的鄭師傅，便與紅豆食府一起，為了上海菜的傳承持續努力

著，餐廳名稱以象徵相思的「紅豆」為名，就是表達師父對上海菜美味的思念。

來紅豆食府的必點菜，鄭主廚很有自信地推薦醬爆青蟹年糕，不只是因為螃蟹本來就是紅豆食府的招牌，這道料理更是經典的上海菜。也許你也常在其他餐廳見過，但是在鄭主廚的堅持下，螃蟹一定要挑選品質最好的處女蟳，鋪在盤底的年糕，也得使用正統的大陳年糕，否則就呈現不出道地的口感。對食材的堅持，除了海產之外，連豌豆都要求得很嚴格。因為豌豆的大小對於口感有決定性的影響，因此，篩選過程都得完全人工，才能呈現極致的美味。

除了傳承經典，紅豆食府也在這些經典上加了點巧思。像是東坡肉，鄭主廚找來法國的鴨肝一起搭配。先把鴨肝切成厚片，兩面煎到焦黃，配著餐廳自製的燒餅，夾著東坡肉一起入口，兩個氣味濃郁又有特色的料理，成就了一份讓人難忘的風味。

上海菜的特色，相信大家也非常熟悉，便是濃油赤醬這4個字，濃郁的味道，強烈的味覺刺激，吃起來相當過癮，不過對有些人來說，口味可能稍嫌重了點。其實，品嚐上海菜，還有一個重要的特色不能忽略，就是涼菜。相較於熱騰騰的料理，上海菜中不少的涼菜，不僅僅只是等上菜前的前菜而已，還具有平衡各種口味的功能，所以下次到上海餐館吃飯，涼菜就多點幾道，對於濃油赤醬的特殊風味，一定會有新的感受。

展新店　民生會所更舒適

會開闢這間民生會所，是希望能讓客人在用餐時，有更舒適的環境，更輕鬆的用餐時間。因為其他的分店都位於百貨或商場內，場地的空間以及營業時間多少有點受限，而民生會所，有完整的用餐與公共空間。包廂內除了有大餐桌，還有座椅區，舒適的宛如自家客廳。內部陳設古典中帶著時尚，優雅靜謐的氛圍，讓人真的可以很放鬆的享受道地的上海美食。

紅豆食府儘管用新的潮流詮釋空間，以新的形式呈現上海菜，但是，保留與傳承經典老菜才是最重要的目標。也因此當老上海人來到紅豆食府，不必多想，一鍋醃篤鮮、一份東坡肉、一碗菜飯，再加上一份仍然點得到而且道地的鹹菜豆瓣酥，就是家鄉的味道。

醬爆青蟹年糕

上海菜裡的經典菜，更是紅豆食府的熱門料理。螃蟹用的是蟹膏又軟又香滑的處女蟳，盤底的年糕更是正統的上海年糕，兩項食材之外，再加上豆瓣醬燜煮，螃蟹的鮮味和豆瓣醬的鹹香，還有吸飽了湯汁精華的年糕，征服了各路老饕的胃。

火丁豌豆仁

這道菜的主角豌豆仁，都是手工現剝，為了口感，豌豆仁不能太大，因為澱粉太多；也不能太小，否則就缺乏口感，因此必須靠人工挑出大小適中的豌豆仁。而切丁的金華火腿，同樣也是選擇味道最好的中段，和豌豆仁一起成就這道經典。

清炒蝦仁

選用當季的沙蝦，去掉沙筋後，還得洗淨晾乾。再用蛋清加上獨家調味，和蝦子混合，均勻地讓蝦子都裹上蛋清，打出黏度，如此一來，蝦子在熱鍋裡翻炒後，才能展現該有的脆度，而清炒也是最能展現沙蝦清甜美味的料理方式。

客家本色 Hakka

家鄉原味

客家本色

創意加持　客家菜變年輕…

你對客家餐館的印象是什麼？木頭桌椅，復古的陳設，甚至還會播放客家歌謠？但是，客家菜其實也可以很新潮，台中的「客家本色」，便是由年輕一輩一手打點的客家餐館，保留客家元素，把大膽的創意用在空間設計與菜餚上，不論你是老客家人、新一代的客家孩子，或者只是喜歡客家菜的饕客，都該來嚐一回。

台中市南屯區公益路二段 118 號

(04) 2329-2929

營業時間：平日 10：00～15：00；
17：00～22：00
假日及國定假日全時段供餐

價　　位：300～400 元

刷　　卡：可

網　　址：www.hakkafood.com.tw

不管你是不是客家人，或喜不喜歡客家菜，客家本色都值得你走一趟。因為店家在客家菜的基礎上大膽創新，讓料理充滿了新的活力。

有新意　舊元素新風味

光從餐廳的外觀，就可以明確的感受到，客家本色想要賦予客家料理嶄新風貌的想法。店內的裝潢捨棄了傳統客家風味的物品，轉而以不同的客家元素做新的詮釋來營造氣氛。屋頂上宛如燈罩的紙傘，來自於高雄美濃的客家庄，對應著地板上有燈光投射的花布，同樣是客家文化元素，以新的方式重新安排，就有了煥然一新的感覺。

同樣的精神，也運用在客家本色的料理上。客家菜對現代人來說可能稍嫌過鹹或過油，客家本色對料理的首要態度便是少油、低鹽，並且堅持

不添加味精。這點小小的改變，讓客人吃得更安心。而少了這個調味，客家本色的師傅得有一身精湛的技術，食材也必須夠優質，才能在味道上做到盡善盡美。

客家本色給人的第一印象，是新潮、大膽與創新，但許多客家菜餚傳統元素，其實都還保留著。例如桔醬，多半的客家菜館子是用在炒青菜上，但是在客家本色，師傅更大膽的和肉類搭配，成為去骨白切雞的沾醬，或是和排骨一起燴，成了香噴噴的桔醬排骨。而客家人的菜飯，到了客家本色廚師的手中，加入了新的元素，中卷。把菜飯塞進中卷裡，再經過小火慢烤，Q 彈的中卷口感，以及鹹香的菜飯，是讓道地客家人眼睛為之一亮的創意。

諸如此類，用客家菜的經典元素創造出來的新式客家菜，還真不少。比方說豆腐乳雞、客家水煮牛肉等等。豆腐乳雞使用餐廳自己製作的豆腐乳，調入糖、鹽和水，變成另一種風味的醬汁，再加入雞肉和調味料一起拌炒，帶著豆腐乳味道的新式料理，想必也喚起不少客家人的兒時回憶。而客家水煮牛肉，更展現了主廚的跨界料理功力，因為客家菜裡沒有牛肉，也鮮少辣味料理，但是主廚用客家庄的豆瓣醬，來呈現客家味，一起炒燴之後，牛肉滑嫩的口感以及豆瓣的辣香，讓人印象深刻。

有堅持　傳統味更美味

想吃傳統一點的料理，當然也有。薑絲大腸、客家小炒，是客家餐廳的必備料理，而最傳統的客家湯品，羊奶根燉雞湯，更是不能錯過。羊奶根是一種植物，入湯熬煮後會散發奶香，用的雞隻，則是肉質、口感一流的土雞，讓湯頭和雞肉，都超級好吃。而每年十月開始，如果有足夠的柿餅，客家本色也會推出柿餅類料理，就看你有沒有口福了。

不追求所謂的正統，客家本色的客家菜積極的將古老的客家菜不斷翻新，大約每 3 個月就會推出 2 ～ 5 種新菜色，無形中增加了客家菜的豐富度，讓更多年輕人有機會一探客家菜的傳統。

桔醬排骨

桔醬，是傳統客家料理中常見的料理醬汁，不過，多半使用在拌炒青菜上。客家本色大膽的和其他食材結合，這道桔醬排骨就是創意之一，讓吃慣糖醋排骨的人，驚艷於客家版本的桔醬排骨。

紅麴脆皮雞

醃過紅麴的雞肉，再烤過之後，脆皮的顏色透亮鮮豔。油亮油亮的脆皮，讓人忍不住拿起筷子，而軟嫩又有口感的雞肉，不會乾柴，也沒有油膩感，吃得到雞肉原本的肉質原味，是沒有負擔的一道肉類料理。

客家雙拼—小炒大腸

來到客家菜館，不點薑絲大腸和客家小炒，真的太說不過去。客家本色把這兩道已經成為經典的客家菜，以雙拼的形式呈現，這樣大家可以多點一道菜，人少時也不必擔心份量太多吃不完。

一個隨著國民政府來台的少年，憑著一手好廚藝，在永康街賣起了生煎包、油豆腐細粉。從路邊的小攤販開始，漸漸地好手藝在永康街流傳開來，路邊攤成了店面，接著又買下了樓房，經過 60 年，除了昔日大鐵鍋變成可以每桌供應的小鐵鍋之外，生煎包的麵香、焦香，一點都沒變。

高記浙滬料理 ・ 上海點心 永康創始店

台北市大安區永康街 1 號

(02)2341-9971

營業時間：㊀～㊄10:00 ～ 22:30

㊅、㊐08:30 ～ 22:30，無公休日

高記浙滬料理 ・ 上海點心 復興店

台北市大安區復興南路一段 150 號

(02)2751-9393

營業時間：11:00 ～ 22:30，無公休日

高記浙滬料理 ・ 上海點心 中山店

台北市中山區中山北路一段 133 號

(02)2571-3133

營業時間：11:00 ～ 22:30，無公休日

價　　位：平均每人 300 ～ 500 元，刷卡：不可

網　　址：www.kao-chi.com

KAO 高記
Kao Chi
生煎
十六歲少年隻身離開家鄉，到上海拜師學藝，
民國三十八年舉遷來台，立足永康街六十個年頭，
少年雖已不在，但三代流傳的精神不變。
「上海鐵鍋生煎包」以味道寫下無盡回憶。
www.kao-chi.com
上海點心
浙滬美饌
Kao Chi

「高記」的上海生煎包，從路邊攤賣出的第一顆開始，一直到現在成為店裡用餐的每桌必點菜，數十年來，征服了不同世代的人們。其實，大街小巷經常可以見到煎包的身影，但是上海式煎包，能讓饕客們豎起大拇指的，也只有高記。小小一顆生煎包裡除了有美味的肉餡，品嚐的重點，還在於那用老麵發酵而成的麵皮。

有堅持 老麵發酵麵糰

從 60 年前至今，高記上上下下能夠精準拿捏到老麵精髓的師傅們，也只有 4 位。要能夠駕馭老麵可不簡單，因為每一天的溼度、溫度都不同，足以左右麵糰的狀況，只要一點點的差異都有可能會影響發酵的狀況，一個不小心，可能整份麵糰都得作廢，一切從頭來過。老師傅開玩笑的說，老麵就像是捉摸不定的上海姑娘，得細心照顧才行。在餐飲業一切講求標準化、精準的現在，高記仍舊不願選擇比較方便的發酵方式，堅持用傳承下來的寶貴經驗，每天和廚房裡那塊代代相傳的老麵打交道。

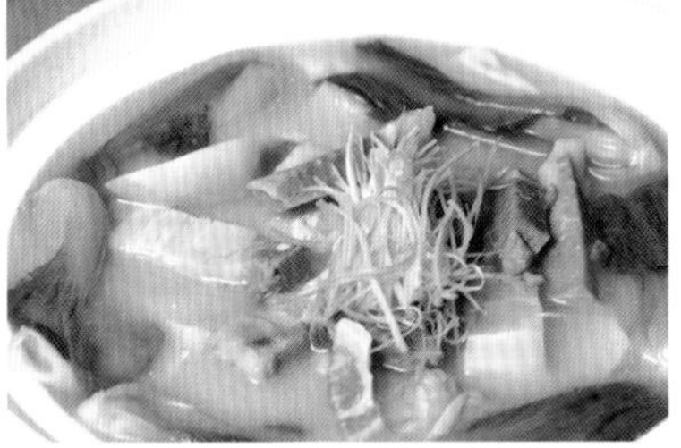

因為這樣的堅持，幾十年來這個小小的煎包成了高記的招牌，即便是透過網路下訂的宅配訂單，高記也堅持現做絕非以冷凍煎包出貨。隨著餐飲趨勢的改變，以及越來越多專程為了煎包而來的饕客，高記將原本的大鐵鍋，經過不斷的嚐試後，改成小鐵鍋。煎包料理完後，直接上桌，讓每一桌被夾起的煎包，都擁有剛起鍋的熱騰焦香。冒著香氣、熱呼呼的煎包，讓人想立刻大咬一口，但記得留下一、兩顆，等涼了之後再吃。因為唯有如此，你才能體會到老麵麵皮特有的咬勁以及那股淡淡的麵香。

有巧思 分店各有招牌菜

在永康店裡，最常見的場景就是全家人陪著老爺爺老奶奶來吃飯，讓這些長輩們念念不忘的還有一樣長銷六十年的油豆腐細粉。清爽不膩的湯頭，加上細粉和百頁條，還有那吸飽湯汁的油豆腐，創造出多層次口感。一碗吃下來，讓人非常有滿足感。長輩們想必也藉此懷念了當年簡單卻富足的生活。年輕朋友，下次來高記，不妨也點一碗來嚐嚐吧。

目前高記已經在中山北路一段開啟最新的中山店，比復興店多了股復古的上海味，比起永康創始店，多了份新潮感。三個不同的店面，除了經典的小點與上海菜之外，還都擁有各自的獨家料理。就像是一家子的兄弟姊妹，有相同的基因，頂著相同的姓氏，但各自也有獨立的個性。喜愛高記的人，還可以在三家不同的店裡，好好比較一下主廚們的創意和手藝。

上海鐵鍋生煎包

堅持用老麵製作，內餡選用豬前腿肉質較滑嫩的部分，加入高湯攪打，簡單的調味，更讓肉的鮮甜自然呈現，也因為高湯滲透入了麵皮，才有底部酥脆的焦香。

重酥蟹殼黃

和高記鐵鍋生煎包一樣經典的江浙小點就屬蟹殼黃了。完全手工的酥皮，烤好後層次分明既薄又脆，濃郁香滑，加上不斷湧出的蔥香，讓人忍不住一口接一口。也難怪高記的老客人，都將這當作是伴手禮。

醬爆蟹年糕

經典的江浙菜餚，在江浙小點心打響名號後，也端出經典的上海佳餚。肥美的青蟹，以黑豆瓣醬大火爆炒，蟹肉的鮮味因此更加鮮明，而鋪底的年糕，則吸收了所有醬汁的美味精華呢。

油豆腐細粉

爽口的透明細粉搭配高記老師傅手工製作的百頁條，還有畫龍點睛的油豆腐，加上美味的湯頭，是不少老一輩客人的必點菜。口味重一點，可以加點辣油，不只添辣，整碗細粉的味道也會更加提升喔。

台灣民眾對於廣東菜多不陌生，從燒臘到粵菜館，幾乎每一個美食聚集的商圈，都有廣東菜餐廳。但是能讓國家元首指名，負責出國參訪團伙食的，就只有華泰王子大飯店「九華樓」的伍洪成師傅一人。伍師傅更憑著粵式手路菜以及道地港點的真功夫，榮獲法國藍帶騎士的殊榮。

華泰王子大飯店
GLORIA PRINCE HOTEL
TAIPEI

台北市中山區林森北路 369 號
(02) 2581-8111 轉 1521
營業時間：午餐 11：30～14：30，
晚餐 17：30～21：30，無公休日。
價　　位：每人平均約 1100 元
刷　　卡：可
網　　址：www.gloriahotel.com

從 1988 年從香港來到台灣的華泰王子大飯店九華樓後，伍洪成師傅就成為最具代表的粵菜大廚，靠著對正統粵菜的堅持，始終有一批忠實的老顧客，更曾經有兩位外籍觀光客，特地前來品嚐九華樓的烤鴨，即便只有兩個人用餐，也願意預訂一整隻足夠 6 ～ 8 人食用的烤鴨解饞。

有功夫　小點心見真章

伍師傅的烤鴨，用來包鴨肉的是小麥餅皮，主要是希望透過較薄的餅皮，帶出鴨皮油脂的口感，而佐肉的調味食材，比起在香港，還多加了嫩薑，以平衡鴨肉的油脂。堅持由師傅而非服務人員片鴨，再由服務人員包好，對於小細節的講究以及堅持，20 多年來不曾改變。

另一道讓人垂涎三尺的，是在饕客間廣為流傳的吊燒雞。九華樓的吊燒雞，用半土雞製成，雞身塗上豆腐乳與脆漿，伍師傅使用的是南乳，也就是紅

麴豆腐乳，發酵味道較少也比較鹹香。這是基底的上色與調味，之後還得經過吊乾的程序，大約 6～8 小時後，才會真正開始烹調，上桌前，再淋過一次熱油，讓雞隻表皮色澤透亮。這道製作時間冗長，而且考驗功力的佳餚，只要吃過一次，絕對會再度光顧。所以，請記得先預訂，否則也只能與吊燒雞擦身而過了。

除了菜餚之外，九華樓也提供約數十道的港式茶點，每份點心也都藏著經驗老道師傅們的完美手藝。小點心中的叉燒酥，雖然是家常料理，也幾乎是每個港式餐廳都會做的點心，一見真章之處，就在於叉燒酥的的酥皮層次，而九華樓的叉燒酥，裡裡外外總共 30 來層，這可是多年的真功夫。

有創意　菊花盅很驚豔

硬底子的料理功夫，讓伍師傅成為元首出訪時的隨行主廚，照顧國家元首、官員、幕僚以及媒體記者們的飲食。堅持的態度，更讓九華樓以中餐廳之姿通過了食品安全管制系統 HACCP（危害分析重要管制點）認證。除此之外，伍師傅還擁有源源不絕的創意，菊花盅便是膾炙人口的經典作品。湯盅裡如花朵一般展開的其實是豆腐，這是伍師傅為了讓豆腐更吸汁，研發出來的高難度表現手法。這朵美麗的豆腐花，是一手拿著軟滑的豆腐，一手以中式版刀直切 14 刀，再橫切 14 刀，保留底部不切斷，光是拿捏力道，就得至少 5 年經驗的師傅才有辦法，而在湯裡把豆腐條一一撥散開來，更是耐心與巧勁的考驗。

九華樓與伍師傅，成了正統粵菜的美食殿堂，也是眾多老饕心目中的理想餐廳，來的都是熟面孔，更有不少觀光客或商務旅客，即便不是下榻在華泰王子大飯店，也會特別專程來吃一餐，可見九華樓的粵式美味多麼讓人難忘。

最後，別忘了廣東菜裡，魚鮮也是重點菜餚，點條鮮魚，搭配烤鴨或吊燒雞，再來幾盤道地港式小點，保證你可以有個最難忘的粵菜體驗。

乳香吊燒雞

九華樓不敗的經典料理，更是讓饕客們回味再三的美味。塗上南乳與脆漿後，吊乾至少 6 小時入味，再入窯烘烤，酥脆的外皮內鎖住的是美味的雞汁，上桌前，再一道熱油澆淋的程序，不但讓燒雞色澤更漂亮，也把所有的美味都提了出來。

生炒龍蝦鬆

吃過蝦鬆，但有吃過龍蝦鬆嗎？九華樓一點都不手軟的使用頂級龍蝦，加上筍粒、西芹以及油條碎段，包上生菜後，熱炒的香氣以及爽脆的鮮蔬，在口中共舞，就怕你的嘴被養壞了，以後再也無法忘情。

美白菌王菊花盅

以老母雞、金華火腿、瘦肉、雲南松茸等食材一起熬煮 8 小時以上，吸收所有食材精華的湯，擺上充滿藝術感與料理技巧的豆腐菊花，最後再點綴上鵝肝醬，當掀開碗蓋的瞬間，所有的香氣撲鼻而來。充滿巧思與味覺層次的菊花盅，值得一試。

EXIT

家鄉原味

寧波風味小館

創意美食　健康美味合一…

「寧波風味小館」裡，有大人小孩都愛的彩色鍋貼，有小朋友口中像飛碟一樣的餃子燒，還有紅到國外去的黃金竹筍糕，幾道受歡迎的料理，都充滿著創意。不過，寧波風味小館不只是有創意而已，所有的餐點，都有著三高二低的健康考量；食材選用最新鮮的高山蔬菜，以及品質最好的在地農產品，讓健康與美味不再是平行線。

台中市北區學士路 146 號（總店）

(04) 2236-0959

營業時間：09：00 ～ 21：00

價　　位：平均每人 100 ～ 250 元

刷　　卡：不可

寧波風味小館老闆鄧小姐，過去因為工作關係，得台灣跑透透，因此幾乎嚐遍了全台各地的風味美食，早就累積了好多關於美食的想法在心中，加上家人多半受現代文明病，如高血壓、糖尿病所苦，讓她開始思考美食與健康的平衡點。在先生習得製作鍋貼的一技之長後，鄧小姐決心改良油膩膩的鍋貼，從內餡的取材來源、肉與蔬菜的比例，到外皮的研製，都是為了要做出健康又美味的鍋貼。沒想到，甫一開店，就吸引了長長的人龍。

顧健康 四大天王鍋貼

剛開始，彩色鍋貼還沒問世，只有內餡多了好多蔬菜，也降低了調味中的鹽分，但這就足以讓媽媽們捧場了，因為這份鍋貼，可以讓小孩一口吃下更均衡的營養。經過顧客熱情的回響與建議後，寧波小館才陸續研發出彩色鍋貼。紅色的鍋貼，以紅蘿蔔和番茄為主；黃色的鍋貼主要原

料是南瓜；紫色的鍋貼則是來自山藥；綠色鍋貼鮮嫩的綠色來自於菠菜。客人還為這 4 款結合美味與健康的鍋貼取了個暱稱，叫做四大天王。這四大天王，不只滿足了大人對健康飲食的需求，更讓不少挑食的小朋友，乖乖地把蔬菜吃下肚。

寧波小館除了在彩色鍋貼上展現料理的創意，也以同樣的概念，研發了獨家黃金醬。這個黃金醬由蔬菜水果組成，前前後後共嘗試了數十種蔬菜，終於找到了 5 種蔬菜以及蘋果的完美組合，醬汁散發著自然的清香，讓人耳目一新。此外，還有結合不同創意的餃子燒，改變了大家印象中餃子的形狀，加上法式醬汁，撒上柴魚、海苔粉，一時之間讓人有種在吃章魚燒的錯覺，而內餡則是使用玉米搭配瘦肉，比較符合小朋友的口味。

黃金竹筍糕冷熱皆美味

中部地區名聲響亮的黃金竹筍糕，有 3 種呈現截然不同風味的品嚐方式。

- 冰鎮

原本研發的目的就是希望能夠方便品嚐，因此，有了這個懶人吃法出現。當從冰箱冷藏取出時，不開火也可以享受。直接切片，冰冰涼涼的口感，加上筍香，非常清爽。

- 香煎

如同各種中式糕點一樣，用油煎得表面香酥，也是種美味吃法。這種吃法，非常建議切片，讓表面的焦香和內部的軟熱，形成反差的絕妙口感。

- 蒸煮

想要更清爽一點的吃法，可以用蒸的。切成長寬高各約 2 公分的四方塊，在竹筍糕上加點魚子醬，放入蒸鍋，5 分鐘後就是道既漂亮又美味的料理，用來宴客也很適合。

愛鄉土　結合在地食材

在料理上的創新，讓寧波小館在台中小有名氣，但更讓人感動的是，對於在地食材、農產品的關注。蔥烤餅和黃金竹筍糕，便是在地農產結合創意的最佳代表作。寧波小館利用鮮少人知道的台中大甲蔥，做成圓圓厚厚有點像是蛋黃酥外型的蔥烤餅，這可是讓餐飲學校教授讚不絕口的好味道。而已經成為台中地區知名伴手禮的黃金竹筍糕，則讓竹筍徹底擺脫總是和筍乾、醃製品連結在一起的印象，把自家奶奶的糕點創意融入，再加上現代人講求方便的特性，研發出了黃金竹筍糕。吃法多樣，可以煎得表層焦香，內層軟嫩，或是大火蒸熟，享受軟 Q 的口感，甚至是冷藏後直接食用，宛如糕點的冰涼感，都讓人一口接一口，還曾代表台中出國展覽呢。

一個追求健康與美味平衡的意念，以及不斷嘗試創新的精神，讓這個小館子，有著好多好多超厲害的美食創意，同時也證明了美味與健康不再相互牴觸。

道口燒雞

早期傳統的道口燒雞，口味較重，現代飲食講究養生保健之道，因此在製作上，以高貴佐料、中藥材來代替舊日的重鹽及味素，如此不但可以吃得養生健康，更可吃出新的風味，並創造出與現代融合的絕妙老菜新吃。

更歲餃子燒

餃子只能有水煮和煎餃兩種嗎？其實多點創意，餃子也可以很有趣。這個讓小朋友們稱做飛碟的餃子燒，內餡用的是玉米與瘦肉，不只有口感更有玉米的香甜味。也隱藏了寧波小館希望讓小朋友營養均衡的小小心機。

黃金竹筍糕

源自於對客家外婆巧手做的素炊粿的回憶，熱騰騰的炊粿，每一口都散發著淡淡的筍香。為了讓大家都能嚐到這個家族私房料理，並與在地食材做結合，選擇新社香菇與大坑冷玉筍，並且加入 3 種不同的米一同製作，造就冷熱皆 Q 的口感，既延續傳統又加入新創意。

拉
PULL

家鄉原味

滬舍餘味餐館

醫生大廚　重現家鄉美味…

一鍋鍋的生煎包，熱騰騰的起鍋，對你我來說是終於可以嚐到香噴噴的生煎包，但是對「滬舍餘味」的老闆張駿來說，代表著對外公的思念，對家鄉味的流連，這份想望強烈到必須親手找出完美配方，甚至開店和大家分享才行。他早上在餐館忙碌地做準備工作，脫下廚師服後，又得幫病人推拿按摩，本來白皙的雙手，因為鍋爐燙出了好幾道疤，也不覺辛苦。

滬舍餘味

台中市南屯區公益路二段 537 號

(04) 2258-6111

營業時間：一～五 午餐 11：00 ～ 14：00；
晚餐 16：30 ～ 20：30；
六、日 周六、日 11：00 ～ 20：30，
無公休日

價　　位：平均每人 150 元

刷　　卡：不可

約莫 19 世紀的上海，街上一間間的茶樓下，總是有著平底煎盤爐和立式烘缸，樓上客人喝茶聊天，說著聊著，肚子就餓了，這時候只要喊聲，店小二就會立刻端上熱騰騰又香味四溢的生煎包。雖然日後茶樓漸漸沒落，但是這個有著百年歷史的上海點心，卻繼續在庶民百姓的生活中飄香，甚至登上富比世雜誌，成為推薦的必嚐美食。

有故事　生煎包解鄉愁

來自上海的老闆張駿，打小就是吃生煎包長大的，擅長料理的外公，總是親手做生煎包給小孫子吃。長大後，張駿成了中醫師，來到了台灣，每當想念外公的生煎包時，總是惋惜著台灣找不到真正的上海生煎包。為了一解鄉愁，每天問診結束後，便埋頭研究配方，一到假日就到處尋訪懷念的味道，就這麼經過了 3 年，那記憶中的的味道，包裹著肉香、蔥香與芝麻香的生煎包，讓張駿找到了，歷經

了無數次的調整，他親手做出了外公的生煎包，找到了那股懷念的家鄉味。

2009 年決定開店，張駿笑著說：「主要是因為自己愛吃啦！」也希望可以將自己心目中難忘的上海味，和大家分享。別看這小小的煎包，張駿可是下了極大的工夫，煎包內餡所使用的豬肉，是從數十家廠商中挑選出來的。選擇 100 ～ 110 公斤，尚未生育過的處女豬，因為這樣的豬肉有一股特別的清香。帶些微湯汁的生煎包，咬起來有爆漿的效果，這湯汁是來自於滿滿一湯匙，加了筍子、火腿與豬皮的老母雞湯，這鮮甜的湯汁中，還有膠原蛋白呢。

有堅持　求好不計成本

除了生煎包之外，還有小籠包、鮮蝦蒸餃、油豆腐細粉、咖哩牛肉湯等等餐點。每一項都是在堅持使用最好食材的原則下烹調出來的。例如店裡的咖哩牛肉湯，開店至今，主要食材牛肉，歷經了好幾波的漲價，在嚐試過其他品種的牛肉，都無法煮出同樣的美味下，滬舍餘味堅持選擇當初使用的澳洲牛肉，即便市面上只剩下五星級飯店繼續採用，張駿為了美味仍不惜成本。店裡的蝦仁蒸餃，不像大部分的店家把蝦仁剁碎拌入餡料內，滬舍餘味則是豪氣的將一整尾的草蝦仁包進餡料裡，當咬開蒸餃看到完整的蝦仁，直接就感受到老闆款待的誠意。

張駿的一雙手，因為做生煎包陸續多了很多傷口，或許是刀傷，或許是滾燙熱油留下的痕跡，有時就連熟識的病人都替他感到心疼，但是張駿心裡隱藏不住的是對料理的熱情，以及怎樣也無法拋棄的料理天分。如果你想多了解上海文化，也可以和張駿聊聊，道地的上海人，一定可以給你滿意的答案。

饕客必點

鮮肉生煎

煎得底部香酥的生煎包，薄薄的皮包裹著充滿自然香氣的豬肉，還有經典的上海老母雞湯。伴著芝麻與蔥花的香氣，一口咬下，外皮的香酥、內餡的香甜、爆漿的湯汁，口味層次豐富，充滿各種食材的香氣，讓人一口接一口停不下來。

蝦仁雞脯燒賣

這是滬舍餘味最費工的料理，做工繁複耗時，把所有內餡調製好後，送進冰箱冰鎮，冰鎮過的內餡與皮包好之後，還得再經過一次冰鎮，才能一一的塑形，如此一來，才有直挺挺的燒賣，而蝦仁與雞肉的組合，也讓燒賣有了新的口味。

翡翠生煎

為了讓吃素的朋友嚐嚐生煎的美味，特別研發的私房料理。內餡用青江菜、豆干以及香菇組成，這些食材也都嚴格把關，選擇台中新社的香菇、吉園圃生產的青江菜，品質好的食材，成就了內餡爽脆的口感，讓人驚豔。

鄧師傅滷味惠存
總統府國策顧問
高雄餐旅學院創校校長
李福登
中華民國九十八年元月吉旦

家鄉原味

鄧師傅功夫菜

滷味起家　聞名大高雄…

在高雄地區提起開店將近 30 年的鄧師傅功夫菜，可以說是無人不知，無人不曉，不少人求學時的美味回憶，都是來自於鄧師傅的超好吃滷味。近年來更開發了許多功夫名菜，讓老顧客嚐鮮，成了在地人最推薦的餐廳。而且在大高雄地區，包括機場、高鐵站都可以見到「鄧師傅功夫菜」的蹤跡，足見鄧師傅的美味，多麼受歡迎。

高雄市新興區中正三路 82 號

(07) 236-1822

營業時間：11：00 ～ 21：00，無公休日

價　　位：平均每人 250 ～ 350 元

刷　　卡：可

「淨洗鍋，少著水，紫頭罨煙燄不起，待他自熟莫催他，火候足時他自美。」這是蘇東坡的＜豬肉頌＞，短短的 27 個字，看似輕描淡寫，卻把燒豬肉的步驟，一一道盡。千百年前的這道食譜，雖然現在已不復見，但是這種乾燒的方式，卻保留在廣式料理中了。高雄的鄧師傅當年要自行創業時，便前往香港學習滷味技巧，帶回了乾燒法，慢慢開啟了自己的事業。

有創意　牛肉麵添洋味

其實，鄧師傅功夫菜的創始人鄧文裕師傅，早年是西餐大廚，開店時為了不和老東家成為競爭對手，才轉以中餐創業，但是好手藝不分國界，鄧師傅靠著對料理的堅持與創意，一樣贏得了高雄鄉親的支持。

鄧師傅功夫菜中最有名的當屬滷豬腳和蹄膀。和台灣大部分店家的豬腳會搭配沾醬，或是有滷汁的作法大不相同，乾燒法強調的是所有的滷汁精華都匯

入到肉裡，因此火候的控制非常重要。透過火候的調整，讓豬腳定型、熟透，到最後的入味階段，一位師傅平均要花上一年多的時間，才能掌握到火候控制的精髓。而一鍋只滷 8 粒的蹄膀，除了考慮到鍋子大小外，也能避免烹煮過程中彼此碰撞，而滷到破掉的狀況。所以，鄧師傅的蹄膀，一顆顆都圓滾滾、飽滿透亮，看起來討喜又美味，可是花了不少功夫呢。

另一個店裡的明星，就是法式洋蔥湯牛肉麵了。這個奇特的組合，一開始也讓不少客人很不習慣，紛紛跟老闆討酸菜和辣椒醬，但是，鄧師傅將西餐中的洋蔥湯和東方的牛肉麵做結合，其實是有獨到的考量。因為中式的紅燒牛肉麵，主要的湯汁調味—醬油，久煮後會有一股酸氣，會影響口感。於是，鄧師傅腦中出現了同樣具有色澤以及獨特香氣的法式洋蔥湯，心想著清甜的湯頭或許可以替換。就在這樣的想法下，加上本身就熟捻的西式料理，這款獨一無二的中西合併牛肉麵，也就在鄧師傅店裡賣了將近 30 年，從一開始大家抱著懷疑態度看待，現在則成了招牌之一。鄧師傅還特別建議，第一次嚐試的朋友，別急著加辣醬，先吃吃原味吧。

求突破　出國尋訪名菜

這一兩年來，鄧師傅將原本的店名，由鄧師傅滷味改成鄧師傅功夫菜，給大家新的感受。除了想要突顯不只是滷味店的印象之外，其實也想告訴大家，店裡頭還有很多東方的經典名菜，可以大快朵頤。現在由第二代接手的鄧師傅功夫菜，幾乎每季都會出國參訪，到大陸各地尋找經典名菜，或是現在已經越來越少人做的功夫菜，再帶回店裡和老顧客們分享。像是嗆辣土豆絲、地三鮮等等，有的是小時候常吃，但是現在已經不多見的菜餚；有的則是充滿故事，快要失傳的美味。

來鄧師傅功夫菜吃飯，門市的主廚會親自到點菜台為大家打菜，只有一個人時可以點多樣的單人份菜色，告訴師傅偏愛的口味，主廚便會根據你的喜愛，幫你準備一份專屬組合。

滷豬腳

用乾燒法長時間滷製的豬腳和蹄膀，選的都是形狀和肉質比較質優的後腿，滷到完全脫油，滷汁完全收乾、入味才算完成。所有的精華美味都在肉裡，還有那滑嫩彈牙的豬腳皮，讓人回味無窮。

法式洋蔥湯牛肉麵

鄧師傅的牛肉麵，可以說是一碗中西混血的牛肉麵，因為用的是西式料理中的法式洋蔥湯頭，清甜可口，從開店之初就推出的這款牛肉麵，可是徹底改變了不少人對牛肉麵的想像喔。

桂花酸梅湯

店裏的桂花酸梅湯是按照傳統的比例調配，花時間親自熬煮而成的，風味醇厚濃郁，超級順口，多年來受到忠實顧客的愛戴。2005 年時，更與國內的食品大廠味丹公司合作，將店內的酸梅湯以現代化的製程生產，以供應大量的需求，也提供客人更安心的食品衛生保障。

SOGO店

小籠包、蒸餃、蔥油餅和鬆糕，這些江浙小點是許多人的最愛，烤方、醋魚、醃篤鮮更是不少喜愛上海菜饕客的必嚐美食。但是，想要同時享受點心和菜餚，好像在同一個餐廳裡，似乎總是很難兩全，聘請了兩批師傅的「點水樓」，不論點心、大菜都道道美味而且選擇眾多，讓您大宴小酌都能賓主盡歡。

台北市南京東路四段 61 號（南京店）

(02) 8712-6689

營業時間：每日 11：00 ～ 14：30；
17：30 ～ 22：00

價　　位：小吃約 600 元起，桌菜 1000 元起

刷　　卡：可

網　　址：www.dianshuilou.com.tw

為了兼顧小點心與經典菜餚的需求，點水樓因此聘請了兩組專責的廚師團隊，讓現點現做最美味的點心，總是能熱騰騰的端上桌，而需要看顧與專心烹調的大菜，也能絲毫不差的重現經典美味。除此之外，對於食材的處理，點水樓也有自己的堅持。

有堅持　魚瘦身去土味

為了重現西湖醋魚的河鮮美味，特別選擇水質良好的石門水庫一帶的草魚，活跳跳又大塊頭的草魚，已經讓人食指大動，但是這些草魚在化身美味佳餚前，還得經過一段「瘦身」過程。原來是為了去除草魚身上的土味，經過至少 3 天的餓養之後，土味消失，肉質更是緊實鮮美。

南崁店

南京店

南京店

南崁店

也是必點菜之一的小籠包，薄透的外皮以及內餡湧出的高湯，加上豬肉本身的美味，讓許多人一試成主顧。除了原味，九層塔口味的小籠包更讓人驚艷，九層塔香味，和高湯與內餡搭配得剛剛好。而且小籠包上的 19 摺，取 9 的諧音以及在中國傳統觀念中，9 是吉祥數字的意涵，讓這一顆顆的小籠包，更多了祝福之意。

有創意　心太軟變剉冰

除了保留住傳統的風味與技法之外，點水樓也在老菜當中尋求創新。大家熟知的心太軟，在點水樓有了新的詮釋。把原本就是一道涼菜的心太軟，加上黑糖剉冰，成為夏日的消暑甜品，甜而不膩的黑糖，加上口感豐富的心太軟，一口就能嚐到經典美味與創意。

南京店

SOGO 店

SOGO店

點水樓的不同分店，各有不同的風情。懷寧店與復興SOGO分店，擁有全盤性的菜色，空間亦古色古香，而南京店，位於商業活動聚集，有台北華爾街之稱的南京東路，空間陳設重現江南精緻景觀，小橋流水搭配灰磚，精緻中亦有大氣氛圍，更是附近商務人士宴客的首選。

有數十款點心以及完整江浙菜餚的點水樓，不管你今天只是想來吃籠小籠包，還是需要氣派的桌菜，或是想貪心的嚐點心也要吃大菜，都能滿足。

饕客必點

西湖醋魚

擁有杭州第一名菜美名的西湖醋魚，點水樓嚴選石門水庫的草魚，再搭配上經過尋訪而得，從產地直接買回的鎮江醋，透過清蒸，酸甜醇厚的醋香，以及結實魚肉的鮮甜，讓人回味無窮。

蔥油餅

現點現做的蔥油餅，裝滿了香氣逼人的三星蔥，一口咬下滿口蔥香之外，酥脆又有口感的麵皮，增加了口感的層次，而細嚼之後，麵皮的香味與蔥的美味更是結合得恰到好處。

富貴叫化雞

這道經典菜色，雞得經過一天的醃製，雞腹裡塞滿了香菇、冬菜、肉絲與多種香料為餡料之後，再包上酸菜、荷葉，還得裹上黃泥烤上 4 個小時，雞肉入口即化，風味獨特，是一道不容錯過的美味佳餚，不過，記得事先預約喔。

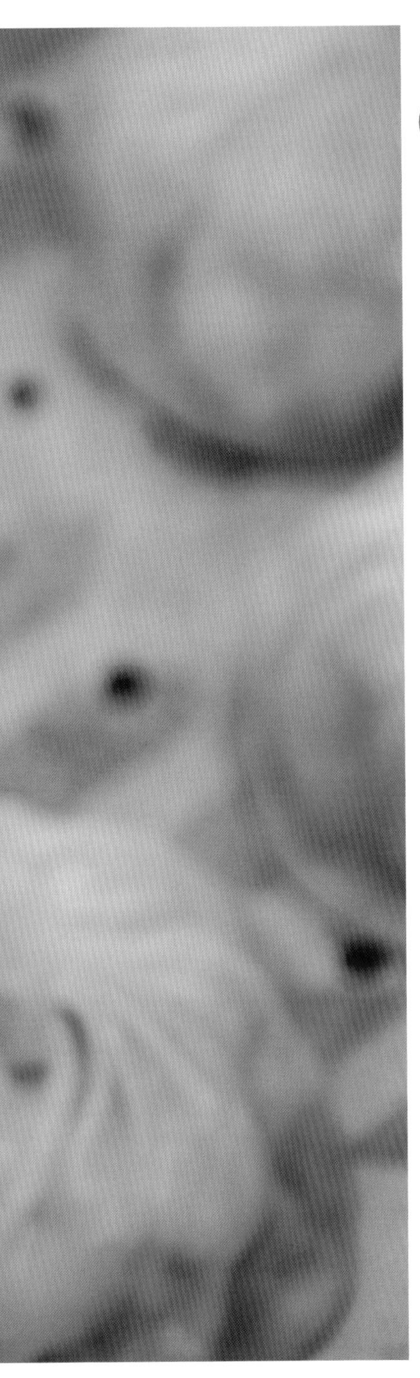

家鄉原味

蘇杭餐廳

獎不完　平價小館五星美味…

「蘇杭餐廳」門口，一塊立牌記錄著歷年來餐廳的得獎紀錄，不論是媒體的評鑑或是政府機關的選拔，蘇杭都獲得了很高的評價。但是，這些獎項並非蘇杭餐廳積極參加比賽獲得的，而是靠著實實在在做料理的精神，用真材實料以及平實的價格打造出口碑，而吸引來的鼓勵。然而，蘇杭餐廳最希望的，仍舊是提供給客人小館子的親切感，以及五星級飯店的美味。

蘇杭

台北市濟南路一段 2 號之 1

(02) 2396-3186

點餐時間：午餐 11：30 ～ 13：30；晚餐 17：30 ～ 20：15

價　　位：平均每人 300 ～ 500 元

刷　　卡：可

網　　址：www.suhung.com.tw

從團膳轉型後，選定大家較熟悉，菜色也多樣的上海菜，繼續服務每一張愛吃的嘴。因為過去團膳的背景，蘇杭餐廳和許多供應商多有往來，加上信譽良好，因此許多好的食材，蘇杭餐廳都能順利取得；有了好的食材，料理的美味就成功一大半了。

有堅持　慢工造就細活

在料理過程中，既然選定了上海菜，蘇杭也堅持上海菜注重火候，部分菜餚要花時間熬煮的菜系特色，該花時間熬煮的就花時間；該下功夫處理的就認真處理。如不少餐廳都能吃到的東坡肉，蘇杭就堅持要花上至少 6 個小時的時間烹調，為的就是要把所有調味的香氣與美味都煮進食材裡，而不是只煮進醬汁裡做做表面功夫而已。另一道蘇杭的招牌老鴨煲，濃白的湯頭，也是得花上 8 個小時熬煮，其間每兩個小時就得注意

火候，並且添加不同的材料或調味下去，才能成就這鍋有特殊香甜味的美味濃湯。當然，這些早在餐廳開門營業，顧客上門之前，就已經開火烹煮，就只等餐桌上的客人點菜，完成最後一道手續即可。

蘇杭雖然做的是上海菜，但是考量到上海菜的調味，對於飲食講究的現代人，可能負擔太大，因此在堅持傳統做法的原則下，也稍微改變了調味的比例，保留原來的香味，但是清淡一點，也更符合台灣人的飲食習慣。秉持著這個精神，蘇杭開發出了另一道必點的招牌，絲瓜蝦仁湯包。內餡中的絲瓜得從澎湖來，也就是大家熟知的角瓜，既有口感也較鮮甜。麻煩的是食材的處理，必須完全純手工，靠著人工把角瓜削皮、切丁，蝦仁也得雙手去腸泥，再包成湯包。而且絲瓜一放隔夜就發黑，只能當天現做，所以只好限定每桌最多點兩籠了。好讓大家都能嚐到這個蘇杭自己開發出來的招牌美味。

有好康 湯包點心對折

蘇杭除了擁有對料理的堅持之外，多年的團膳基礎，也讓蘇杭決定以平價路線經營。讓經濟比較不寬裕的族群，如年輕學子等等，也有健康又美味的料理可以吃。因此，打從蘇杭開門營業的第一天開始，餐廳內只要點湯包、點心類料理，一律打對折。這麼豪氣的折扣，讓不少年輕學子趨之若鶩，而蘇杭也非常樂見，因為，這也代表著好味道的傳承。

東坡肉

誘人的東坡肉，蘇杭也堅持古法，早在客人點餐之前，就已經經過了 6 個小時的烹調，等著客人上門。而切片並且附上割包的做法，讓客人不必自己動手切肉，割包更順利的平衡了東坡肉的油膩感，讓不少怕油膩的女性客人也能大快朵頤。

絲瓜蝦仁湯包

製作過程中完全得靠手工，從處理食材到包餡料，一點也無法用機器取代，加上澎湖角瓜和蝦仁搭配的鮮甜美味，讓這道耗時費工卻無敵美味的湯包大受歡迎。

老鴨煲

經過 8 個小時的熬煮，每兩個小時調整火候以及添加材料與調味，才成就了這鍋濃白湯頭。湯頭既甘甜又有香氣，筍子也增添了豐富的美味，早已經燉爛的鴨肉更證明了這湯真的是經過長時間燉煮而來。

多元美味

Lamigo
那米哥宴會廣場

以客為尊　用心看得見…

婚宴，幾乎可說是每個人生命中最重要的宴會了，現場除了滿滿的祝福外，宴客的佳餚更是重點，要讓齊聚一堂的親友享受歡樂之餘，更能品嚐到美食，才算賓主盡歡。「Lamigo 宴會廣場」便從這個角度出發，請設計師打造精緻空間，延攬大廚團隊掌舵，用最嚴格的標準料理，難怪總是能讓新人們一來就下訂。平時，Lamigo 也提供適合三五好友聚餐的餐點，隨時都能享受到主廚們的好手藝。

新北市汐止區大同路三段 611 號

(02) 2690-5966

營業時間：中午 11：30 ～ 14：30；
晚上 17：30 ～ 21：30，
周一公休

價　　位：平均每人 280 ～ 400 元；套餐 300 ～ 600 元，
經濟合菜 4 人 1280 元、6 人 2480 元

刷　　卡：可

網　　址：www.lamigo-wedding.com.tw

Lamigo 宴會廣場擁有萬坪空間，便利的空間變化彈性，不論是上百桌的宴席，或是精巧的宴會都很恰當，設計師在每一個樓層安排了不同的風格，讓用餐的空間，不僅僅呈現美食，也能帶點藝術氛圍。而和百貨公司不相上下，多達四百多個的專屬停車位，與會場相連接，更可以讓主人與客人，省去找停車位的麻煩。

有創意　美味兼顧健康

Lamigo 宴會廣場站在消費者的立場，著手規畫所有空間動線，在新娘房的規畫上，更展現最大的誠意。20 ～ 25 坪的休息室，不只讓新人有充裕的空間換裝、打扮，也讓最親近的家人朋友們，有個舒適的環境可以寒暄談天，甚至舉行家族專屬的文定儀式。

不論是婚宴、公司聚餐等大小宴會，除了主角之外，餐桌上的美味佳餚，往往更是宴會的一大重點。宴會菜色，食材必須講究，菜色要夠氣派，擺盤更要有時代感，而現代人則更是要求健康。Lamigo 廚師團隊，用創意破除了健康與美味無法兼得的刻板印象。

宴會菜上必備的「龍蝦冷盤」，多半餐廳以沙拉或美乃滋為基底調配沾醬，但是 Lamigo 用的是健康的優格，沒有多餘油脂的負擔，酸甜的滋味和龍蝦肉一起入口更是絕配，用透明的小方杯，一份一份盛裝好，不只方便取用也更有時尚感。

有巧思　當令水果入菜

此外，為了環保捨棄了魚翅，但是主廚們用精燉慢熬的雞湯為底，端出「干貝繡花球」這道菜，多元的口感和醇香的高湯，更勝魚翅。根據時令設計料理，也是 Lamigo 主廚的堅持。在夏季的菜單上，有著夏日限定的蘋果炒雞肉與荔枝鮮蝦球，將夏季盛產的水果入菜，更讓大家熟悉的料理有了新的風味。

這一道道兼顧健康與美味的料理，都是由專精粵菜、台菜、日式料理以及雕工的 4 位主廚組成的團隊一手包辦。幾乎每兩個月就舉行一次的內部試菜，不只激發了主廚們的創意，也讓大家更有口福了。

有保障　衛生標準嚴苛

對於料理的重視，Lamigo 還展現在廚房環境與流程上。為了確保食物的品質，規畫之初便按照最嚴格的衛生標準打造廚房重地，更成為新北市唯一一家通過食品安全管制系統 HACCP 嚴格標準的餐飲業者。

想要嚐嚐師傅的好手藝，只能等到有朋友舉辦宴會嗎？其實不必，因為 Lamigo 不僅僅是一個宴會廣場，沒有大型宴會時，當然，你也可以來這裡品嚐美食，享受一下精緻的用餐環境。即便只是幾個姊妹淘，或是小家庭的聚餐，來到這裡一樣可以享受宴會等級的手藝與佳餚，何樂而不為？

蟹黃豆腐煲

精選口感爽脆飽實的蝦仁，再搭配上香味滿分的蛋豆腐，以特調的獨家蟹黃醬一起煨煮。經過慢火的催化，海鮮的鮮甜與豆腐的香氣融為一體，兩者相異的口感更創造出品嚐時的趣味。

XO醬炒帶子

不論大宴小酌都很常見的XO醬炒帶子，總是能輕易擄獲大人、小孩的心。主廚除了用熱水將干貝去腥之外，為了食用時的滑嫩口感，還得再輕輕地過油。拌入加了頂級干貝與金華火腿的XO醬，大火炒出香味後，就等你品嚐了。

爆漿豆腐包

在網路人氣居高不下的這個小包子，也是Lamigo主廚們結合健康與美味的創意之一。內餡由健康又營養滿分的豆漿、豆腐為主角，與奶油透過高溫調理後，形成綿密質地。撕開包子時，內餡緩緩地流出，還同時散發著豆香呢。

Wedding

女兒紅婚宴會館

賓主盡歡　實現新人美夢…

一場婚宴，不論裝潢氣氛、菜餚的美味，還有服務的完善，每一個小細節都必須周到講究，才能讓賓主盡歡，台中的「女兒紅婚宴會館」，有別於台中地區總是以大空間，大數量取勝的餐飲文化，以精緻、頂級的走向，打造專屬新人的空間與佳餚。平時想嚐嚐女兒紅賴瑞榮師傅的好手藝，也可以到會館中的港式飲茶樓層，不論是正餐或下午茶，吃飽或吃巧都可以得到滿足。

台中市南屯區文心南路 99 號

(04) 3600-6000

營業時間：午餐 11：00～14：00；下午茶 14：30～17：00；晚餐 17：30～21：00

價　　位：港式飲茶平均每人 400～500 元，桌宴每桌 11,999 元以上

刷　　卡：可

網　　址：www.yourhome.com.tw

婚宴的現場，充滿喜慶的氣氛，大家的祝福焦點都是即將結為連理的新人，不過，菜色可一點馬虎不得，因為那代表著主人家的心意。食材必須用最新鮮、頂級的，除了好吃是基本門檻之外，上桌的菜更必須有氣勢，要夠大器，甚至要具有時尚感。這種種的期待，在看著女兒紅的宴客菜色照片時，都可以被實現。

有創意　咖哩蝦引話題

女兒紅的婚宴菜色，以粵菜為主，整套菜單用上了不少頂級海產，而且每一場宴席的海鮮都是在最新鮮的時候送達，因此，美味絕對不是問題。此外，對於擺盤的用心，從擔任喜宴菜色開場角色的海味珍寶拼盤，就可以看出來。捨棄了慣用的圓盤，把所有拼盤上的料理，以不同高度

呈現立體感，不僅每一種食物都看得一清二楚，擺盤呈現的時尚感也讓人印象深刻。

除了宴客大菜，主廚也在菜色的開發上展現了很多的創意。一道 Q 梅排骨，用梅醬取代常見的橙汁，和排骨搭配，梅醬層次多元的味道，讓排骨的風味更清爽。而沙拉類的料理，紅酒釀鮮鮑，則是採用日式的做法，用紅酒及日式醬汁醃漬鮑魚，讓你我熟悉的鮑魚風味，更加鮮美。引起很多討論的法式咖哩蝦，也是宴席菜上的熱門菜餚。原本這道菜是將所有餡料，通通包在麵包裡，上桌時再由服務人員剖開，是一道相當具有話題性的菜餚。但是為了服務宴席時動輒 2、300 位賓客，則將麵包和咖哩蝦分開盛盤，以方便取用。不過，滋味卻一點也不因為形式的改變而有變化，口感較硬的法國麵包，沾上咖哩醬汁，真的非常特別。

有特色　婚宴專屬設計

對於婚宴場地的規畫，女兒紅一開始就刻意不讓空間有多用途的功能，百分百為婚宴打造，因此，設計概念可以完全被展現。女兒紅共有 3 個廳別，分別是花裳廳、玉宴廳以及風華廳。花裳廳有著用花朵構築而成的天花板，把新娘襯得更美麗，而宛如古錢幣造型的花朵，也有富貴之意，柱子上圍繞著的紫色珠簾，讓空間看起來更加高貴典雅。玉宴廳，也以花為主題，但選擇的是紅色的牡丹花，並以黑色為基底，突顯鮮豔的紅，紅黑的搭配，既喜氣又時尚。空間最大的風華廳，則是以宮廷風格打造，金色的羅馬柱以及閃亮的水晶燈，好像走進貴族的皇宮裡一般，而金色與紅色的搭配，既尊貴又有氣勢。

除了讓人目不暇給的婚宴會場，平常想到女兒紅來用餐，也不必遷就現場的婚禮。專屬的用餐空間，除了午、晚餐，還有港式下午茶，正餐時段還有港式的熱炒料理可以選擇。只想嚐點小點，下午茶時段是個很好的選擇，各種精緻的港點，任君挑選。

龍芽湯白雞

用港式煲湯的手法，將整隻老母雞，加上金華火腿、上等豬肉，以及土雞腳，細火慢燉一天半，讓所有材料的美味，都與湯汁完美結合，湯頭濃厚甘醇，喝得出湯裡頭天然的鮮甜。

Q 梅排骨

橙汁排骨或是糖醋排骨都已經落伍了，更有創意、更速配的醬料是梅醬。女兒紅從嘉義買來好吃的梅子，蜜漬到梅子接近果凍的質地後，和排骨一起搭配，成了一道創新佳餚，酸甜的梅子滋味，加上肉質 Q 嫩的排骨，深受女性消費者的喜愛。

火腿焗燒餅

來自主廚創意的這道點心，外表像是一般鹹點，內餡可是大有文章。把火腿、赤肉、蔥、薑，以燒賣餡料的做法製作，再包進傳統的燒餅裡，用焗烤的方式結合所有食材的味道，更創造了新的口感，是女兒紅的人氣港點。

TEMPUS

多元美味

永豐棧酒店

La Mode 風尚西餐廳

獨步全台　台灣牛挑大梁…

台中永豐棧酒店的「La Mode 風尚西餐廳」，在台中深受歡迎。採半自助的用餐方式，豐盛主餐加上西式的自助餐檯，菜色多樣，新鮮味美，即便不想吃主餐，以樂活百匯為名的自助餐檯，各種海鮮、冷菜、沙拉、湯品等等，也都可以吃得營養又飽足。最近，更發掘到了來自台灣嘉義，肉質不輸美國牛肉的台灣草飼牛，經過主廚親自品嚐後，獨步全台推出。目前，只有 La Mode 風尚西餐廳才吃得到喔。

TEMPUS
HOTEL TAICHUNG
永豐棧酒店 台中

台中市西屯區台中港路二段 9 號

(04)2326-8008 轉風尚西餐廳

營業時間：每日 06：30～21：30

價　　位：平均每人 480 元＋ 10%起

套餐 880 元＋ 10%起

刷　　卡：可

網　　址：www.tempus.com.tw

La Mode 風尚西餐廳的常態性主菜，首推牛排。有主廚自己研發出來的熟成方式，而製成頂級的乾式熟成牛排，早已經是饕客最愛。此外，值得一提的是，為了近年來牛肉肉品的安全疑慮，該餐廳很早就開始尋找心目中的理想牛肉，直到今年年初，發現了來自嘉義的草飼牛。

本土化　發掘優質食材

La Mode 風尚西餐廳主廚親自走訪，實際烹調試吃嘉義的草飼牛後，對台灣草飼牛的美味驚為天人。現在，你可以在 La Mode 風尚西餐廳裡品嚐到這有著職人精神飼養出來的草飼牛肉，而且還是 made in Taiwan 台灣出品。

會發掘到台灣的草飼牛，其實和主廚希望推廣台灣優質農產品的心意有關，早在去年，永豐棧便聯合中、西兩個餐廳，舉辦一場小小的料理競

賽，以 5 種台灣當地的時令食材，以全新設計的菜餚一較高下，除了話題十足，La Mode 風尚西餐廳也因此發掘到了不少優質的台灣農產品，並且都成為餐廳廣泛使用的食材。例如：新社的香菇、大坑的麻竹筍、南投的冷泉空心菜、宜蘭的櫻桃鴨及香草豬等。所以，在 La Mode 風尚西餐廳吃飯，細數台灣在地食材，說不定可以藉著吃環島一圈呢。

Tips

一頭牛至少養 3 年

牧場的主人，從牛吃的牧草開始，就是自己種植，堅持草飼，不施打任何刺激生長的藥劑，而且還自行成立屠宰場、包裝與配送的工廠，在一條龍的作業下，確保牛肉品質的穩定。也為了要讓牛隻在最自然的生長速度下長大，每一頭牛都至少要花上 3 年的時間，因此牧場主人很堅持，一星期只宰殺一頭肉牛。這麼花時間與堅持的飼養過程，其肉質的美味可想而知。

有創意　台灣味大改造

除了美味的牛排外，其他主餐則有著不同的變化。有時候是異國料理，有時候是根據時令，將當季的美味水果入菜，每個月都會有新的變化。讓經常來這裡用餐的忠實顧客，總是有著新鮮感。這份創意，也是來自於主廚總是求新求變的個性。他曾經把台灣的冷泉空心菜，以法式料理鑲填的手法，填入粗大的空心菜梗中，讓非常家常的台灣空心菜，搖身一變成為一道西式的開胃前菜。

主廚還曾經設計過一套套餐，以西式手法呈現台灣小吃，好讓客人宴請外國朋友，透過食物來了解台灣專屬的小吃美味。主廚將街頭巷尾都可以見到的蚵仔麵線，用天使細麵取代台灣的麵線，放上清燙過的蚵仔，再加上一點麻油、鎮江醋提味、提香，再擺上香菜，讓老外在熟悉的義大利麵中，吃到台灣的在地美味。

難怪 La Mode 風尚西餐廳在用餐期間，總是座無虛席，因為主廚總是有辦法抓住客人的胃，利用台灣在地食材加上創意的料理，熟悉的味道中吃得到美味與創意。

碳烤台灣肋眼牛排

肋眼是大家熟悉的牛肉部位，烹調過程中肋眼部位的油脂香氣，瀰漫了整份牛肉，而台灣草飼的牛肉肉質，因為在完整乾淨的飼養環境中成長，肉質軟嫩鮮美。

碳烤台灣紐約克牛排

紐約克這個部位的牛肉，近幾年來逐漸受到愛吃牛排的食客們喜愛，較有咬勁的肉質，結實而且充滿肉香，5 分熟的熟度最能嚐到紐約克的肉質特色。好吃的程度，真的不輸美國牛。

多元美味

赤鬼炙燒牛排
專賣店

平價高品質　人氣牛排店…

印象中的平價牛排，因為價格便宜，總是得屈就品質。但是「赤鬼炙燒牛排專賣店」打破了這個既定印象。用心選擇肉品，堅持不加人工防腐劑以及嫩肉精，更針對烹調器具不斷研發，打破了品質與價格之間必然的對立，每天高朋滿座，店門口更總是有著一長串的等候人龍。赤鬼炙燒牛排更以日式風格讓牛排館有了新的面貌，老闆還將專賣店三個字成為店名的一部份，把日本人對食材專精而且深入的精神帶進自己的餐飲王國中。

赤鬼

台中市大墩路 632 號
(04) 2320-5157

台中市文心路四段 603 號
(04) 2242-9933

營業時間：11：00 ～ 23：30，農曆年除夕至初二公休
價　　位：210 元起
刷　　卡：不可
網　　址：www.akaonisteak.com

在台中地區，赤鬼炙燒牛排名聲響亮，因為赤鬼顛覆了價位與牛肉品質的關係，讓大家吃牛排，不必大傷荷包。赤鬼的第一家店，發跡於人來人往的逢甲夜市。這裡充滿小吃，但總是吃巧不吃飽，也沒有座位區可以好好享用。因此，赤鬼炙燒牛排專賣店的老闆，靈機一動，選定了當時逢甲夜市尚未出現的牛排，還打造了一個可以讓大家坐下來吃飯的地方，從此改寫了台中地區平價牛排店的歷史。

有特色　日式風格強烈

赤鬼炙燒牛排老闆遠赴日本學習牛排炙烤技術，回台後繼續研究適合的烤盤、調味與肉品等等。也將日本文化融入

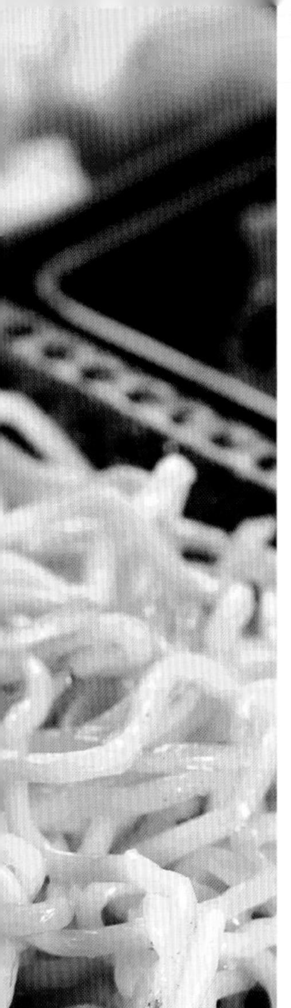

店中，以日本戰國時代名將井伊直政的別名赤鬼，來幫餐廳命名，還將日本人對食物的專一、深入的精神帶了回來，以牛排專賣店的名稱定位餐廳。店內裝潢更有不少日本彩繪圖案，誇張的金色鬼面具，以及戰鼓等等，服務人員的紅色頭巾和制服，讓人在這裡用餐，彷彿置身日本。

一開始在逢甲夜市內的據點，為了讓逛街的人潮們能夠輕鬆有效率的填飽肚子，好繼續逛街，於是赤鬼炙燒牛排，捨棄五花八門的菜色，選擇只提供牛小排、菲力、沙朗、雞排與豬肉排等五種餐點，不只替客人節省時間，也希望自己在每一天的料理過程中，成為這五道餐點的專家。如此為消費者設想的牛排館，很快地座位就供不應求了，赤鬼炙燒牛排於是陸續增加了兩家分店來容納眾多饕客，足見，品質才是抓住人心的最大關鍵。

有堅持　食材寧缺勿濫

但是，對於食材，尤其是肉品，赤鬼炙燒牛排可是一點也精簡不了。牛肉的部分，選用來自紐西蘭的草飼牛，純淨的飼養環境與草飼方式，讓赤鬼的沙朗牛排有著天然的淡淡牛奶香氣。梅花豬排則選擇肥瘦比例最適當的部分，因此整塊梅花豬肉，赤鬼炙燒牛排只選用其中的 1/2，還曾經為了這份堅持，寧可缺貨，也不願意用較差的肉替代。配菜之中的蛋，更是每日從養雞場直接配送到店，這最新鮮的雞蛋，料理過後散發出的濃濃蛋香，更是讓不少挑食的小朋友胃口大開。

除了對食材品質的堅持之外，料理的重要工具──烤盤，赤鬼炙燒牛排也是經過幾番研究之後，找到了最佳器具，經過不斷改良更新，目前使用的烤盤已經是第 14 代的烤盤了。

POYA
炙燒牛排
STEAK ステーキ 專門店
赤鬼

有創意　配菜走混搭風

赤鬼炙燒牛排以鐵板的方式上菜，鐵板上當然少不了各式配菜。赤鬼炙燒牛排別出心裁，以日式風格來搭配雞蛋，不用常見的荷包蛋，而是提供 3 分蛋以及蒸蛋。其他的配菜，更是走台式風格。解油膩的酸洋蔥，類似酸菜口感的炒雪裡紅，以及趁著鐵板熱燙時，快速和麵與醬汁一起拌炒的辣韭菜，各種你我熟悉的小菜，和牛排搭配起來，還挺對味的，徹底顛覆了一般人對牛排的既定印象。

赤鬼炙燒牛排還曾經有位饕客，是經常往返澳洲的商人，首次來嚐鮮時，因為平實的價位，對肉的品質不是很有信心，於是點了 8 分熟的牛排，結果一試成主顧。現在這位饕客來到店裡，則是比照吃頂級牛排的生熟度，點 3 分熟的牛排來吃。這可要牛肉的品質好，才禁得起不同生熟度的考驗。

烤安格斯無骨牛小排

選用安格斯無骨牛小排，本身肉味濃郁豐富的牛小排，經過高溫炙烤，烙上烤痕之後，更多了一股香氣。赤鬼以日式手法搭配牛小排，提供日本牛排醬，以及用越光米煮成的香 Q 白米飯，是不少喜歡愛吃肉的食客們的必點排餐。

特製雞排

美味的雞排，首先得從挑選雞隻開始，店家特選雞隻，不僅肉質較緊實，而且經過長達數十分鐘的烘烤過後，仍然保有適當的體積，可以讓客人吃得飽又吃得巧。

菲力牛排

牛隻來自紐西蘭的草飼牛，因為品種以及飼養方式的關係，讓赤鬼的菲力牛排，有一股來自肉本身自然的牛奶香氣。它有個特殊的 0 分熟吃法！這是比 3 分熟再生一點的熟度，吃的時候得和時間賽跑，否則炙熱的鐵板，可能會將牛排熱成全熟。據說這是赤鬼的熟客們最喜歡的吃法。

多元美味

梨子咖啡館

實踐夢想　分享幸福滋味…

相信不少人都曾經有過擁有自己的咖啡廳的美夢，但是真正付出行動實踐的人，往往少之又少，而能成功經營，不只咖啡香傳千里，還能發展成提供多樣餐點的複合式餐廳，更是少之又少。但是，梨子咖啡廳做到了。其中，並不是什麼偉大的經營管理方式使其成長茁壯，而是一份從未改變過的分享心意。

梨子咖啡館
Pear Coffee

台中市西屯區玉門路 370 巷 28 號（中科店）

(04) 2461- 0399

營業時間：08:00 ～ 23:00，無公休日

價　　位：平均每人 280 ～ 400 元，套餐 580 ～ 820 元

刷　　卡：可

網　　址：www.pearcafe.com.tw

起源自女主人廖梨妃夢想的咖啡館，早在學生時代就已經開始播種耕耘，經過不斷的學習，不論是遠赴澳洲學習烘焙，在台北學習咖啡的祕方，在咖啡店裡打工學習待客之道，或是自家廚房裡，學習日籍老奶奶的家傳手藝，從築夢的第一天到現在；從第一位光顧的客人，到現在擁有眾多分店的規模，梨子咖啡館要提供一個幸福氛圍的想法，從來沒有變過。

有堅持　對食材很講究

現在的梨子咖啡館，有輕食、套餐、義大利麵，當然少不了女主人親手調配的咖啡，以及風味茶品。其實，一開始梨子咖啡館，只有簡單的幾樣簡餐，那是梨妃與母親每天早晨親手熬煮。伴著迷人的咖啡香，這些

充滿家常風味的餐點，很能夠撫慰人心。之後，某一年寒冷的冬天，有客人想吃熱騰騰的鍋，於是，梨子咖啡館為了驅走客人身上的寒冷，推出了法式鄉村南瓜鍋，由雞骨與蔬菜熬出的高湯與南瓜泥、奶油醬，成為光顧梨子咖啡館饕客們的最愛。

諸如此類的美食故事，在梨子咖啡館裡不勝枚舉，然而除了滿足客人的需求之外，梨子咖啡館對於食材以及任何用餐相關的小環節，都有讓人折服的堅持。招牌的梨子咖啡，一直以來必須有咖啡、鮮奶、蜂蜜、焦糖、肉桂粉、巧克力粉與檸檬絲等 7 種原料，因為唯有這樣的配方，才能組合出獨特的香氣和口感。店內提供的貝果類餐點，更是堅持選擇紐約進口的貝果，因為這個具有美式生活風格的食物，得原汁原味的呈現道地的口味才行。

有創意　老菜色新風味

即使開了不同分店，也聘請了主廚，有了更多的新菜色，奶奶的家傳玉米湯，始終放在菜單上，不曾消失，而除了有保留多年的好味道，當然也有創新。梨子咖啡館中科店在嶄新的設計概念與空間規畫下開幕之後，主廚們也發揮創意，打破既定的美食迷思，給客人一道道驚喜又美味的料理。

像是大家習慣的丁骨牛排，在主廚的創意下，以丁骨豬排料理，堅持選擇來自花蓮的自然豬，鮮嫩多汁的口感，不輸給牛肉。而去年研發成功的新菜色「德國豬腳鍋」，先炸再烤的工序，讓口感層次豐富，而且結合了牛奶湯底，有了充足的膠質，也多了份清爽。

多元美味

傳自老闆奶奶的家傳玉米湯，是用新鮮玉米以及鮮奶油燉煮而成，料多味美，香氣濃郁，雖然有更便利的濃湯料理方式，但是梨子咖啡館仍舊有所堅持，即便它只是一碗套餐中的前湯。

有巧思 優質親子餐廳

除了餐盤上的美味，對用餐環境，梨子咖啡館也有新的思維。中科店以白色為主的建築物，加上大量落地玻璃的採光以及綠色點綴，營造出既明亮又溫馨的大空間。戶外的空間，則全鋪上白色的小圓石，成為小朋友們的最佳遊樂場。大人們可以在窗戶的這邊，優雅的用餐，一轉頭就可以看到孩子們在白石灘中盡情的玩耍。

結合了美食與溫暖空間的梨子咖啡館中科店，不只是女主人夢想的延續，更是一個適合全家大小一同前往的親子餐廳。

德國豬腳鍋

打破傳統豬腳料理讓人又愛又怕的油膩感，以鍋物方式呈現，牛奶湯底加上先炸後烤的豬腳，結合成一道膠質充沛又口感清爽的好料理。

炭烤法式厚切丁骨豬排

選用厚片帶骨豬排，以香料醃漬，先油炸再淋上白酒與奶油後炭烤，自然豬鮮嫩的肉質，因而更加多汁。

香蕉巧克力鬆餅午茶套餐

超人氣的鬆餅套餐，是許多時尚女性享受悠閒下午茶的首選。採用美國進口鬆餅粉，烘烤至外酥內軟的熱騰騰厚實口感，搭配濃醇的巧克力冰淇淋與香Q的台灣香蕉，一口酥軟鬆餅、一口濃郁的香蕉佐冰淇淋，巧妙的組合，值得一嚐。

法式鄉村南瓜鍋

新鮮的南瓜加上法式奶油醬，與雞骨、蘋果、紅蘿蔔、馬鈴薯一同熬煮，奶橙色的濃湯，口味濃郁豐富。

淺嚐
時尚料理廚房

一菜一故事 美味跨國界…

位在台中潭子工業區的「淺嚐時尚料理廚房」，每到用餐時間一定座無虛席，而客人們桌上的菜餚，更是精彩，有豬腳、鮭魚、鴨胸等西式主餐，也有腸旺、客家小炒等客家經典美味，還有，每桌幾乎必點的招牌菜色「戀戀木瓜香」，而這樣跨國界的料理組合，其實來自於廖家人全家對料理與美食的熱愛。

台中市潭子區雅潭路一段 51 號

(04) 2535-8511

營業時間：每日 11：00 ～ 22：00，除夕至初三公休

價　　位：平均每人 250 ～ 400 元

刷　　卡：無

網　　址：www.lighttaste.com.tw

淺嚐時尚料理廚房一開始，是為了圓大哥的夢想。曾在大飯店擔任主廚，現在則是餐飲學校教授的廖家大哥，一直想要擁有自家餐廳，提供高規格的料理，於是妹妹提供場地，姊姊負責管理，大哥負責西餐菜式，一間由全家人共同努力、全心付出的餐廳，就誕生了。

有堅持　嚴選新鮮食材

獲獎無數的廖大哥，有自己的堅持，只有最新鮮的食材才能入菜；選擇最美味的豬後腿肉，親自挑選的新鮮鱈魚，不惜成本地使用進口的檸檬鹽等等，比照大飯店的料理要求，以食材的特性為主角，不讓過度的烹調壞了美味。於是，一道道的歐陸佳餚，如德國脆皮豬腳、法式蜜桃鴨胸、香煎牛小排佐紅酒沙司、檸檬香煎鱈魚等，都成為饕客心目中的首選。

此外，廖家還有個手藝超群的客家阿嬤，菜單上的客家美食，都是廖家阿嬤的私房料理。經典的焢肉，在主廚大哥的巧思下，添入茶香成了阿薩姆

茶香焢肉，除此之外，還用上西式擺盤的精神，重新呈現自家客家菜。桔醬松阪豬，扇形展開排列的松阪豬肉片，以有如畫筆輕畫過的醬汁淋得漂亮又雅緻，西餐擺盤方式，讓傳統客家菜在滿足味蕾之前，也讓眼睛飽餐一頓了。

有口碑　婆媳聯手摘冠

而說起客家菜，絕對不能忘記的客家小炒，在廖家也有著令人玩味的婆媳故事。這道看似簡單，但卻考驗著掌廚人火候控制的一道菜，得先將三層肉、魷魚以及紅蔥頭，用小火慢慢煸出香氣，之後再加入豆干、芹菜等材料，才能營造出多層次的香味與口感，沒有多年的料理功力，絕對不可能炒得色香味俱全。然而，就在廖家加入了一位越南籍媳婦的那一天起，語言不通、不會做菜的越南媳婦，拿著紙、筆站在廚房火爐邊認真記錄，並且從切菜、洗菜開始，和婆婆比手畫腳地學做菜。兩年前，婆媳兩人還聯手摘下客家料理比賽的冠軍，贏得獎盃的就是這道客家小炒。

有創意　老菜色新風

現在，越籍媳婦阮氏秋，手藝已經和婆婆並駕齊驅，憑著對家鄉的美食記憶，還自行研發出酸辣適中、清爽順口的涼拌木瓜絲，一登上餐廳菜單，便迅速征服了饕客的胃。而這對婆媳的故事，更引起電視台的注意，將他們因為料理而產生的情誼搬上螢幕，劇集名為〈戀戀木瓜香〉，淺嚐時尚料理廚房也以此為阮氏秋的創意涼拌菜命名。〈戀戀木瓜香〉中的精髓──酸辣醬汁，更在廖家姊姊的創意下，淋上了雞腿、鮮魚，成了一道道的跨界創意料理。

淺嚐時尚料理廚房的每一道菜，都有一個故事。但更讓人欣喜的是，西式經典菜餚，加上融入新創意的傳統客家美味，還有越籍媳婦帶來的南洋風味，彼此激盪，打造出傳統菜式的新風貌，想必未來一定有更多的創意佳餚出現。

饕客必點

戀戀木瓜香

有著美麗名字的這道越式涼拌木瓜絲，是廖家越南媳婦的傑作，充滿南洋風味的清甜醬汁，搭配青木瓜絲爽脆的口感，是最佳的開胃菜。

客家小炒

客家最家常的一道小炒，也是廖家婆媳聯手，拔得頭籌的冠軍菜。從零開始學習的越南媳婦，已經能在廚房獨當一面，這道客家料理，當然也難不倒她。

竹炭紅豆仙草凍

由廖家阿嬤研發出來的甜品。選擇最適合的仙草乾後，用慢火熬煮 6 個小時，再加上紅豆與鮮奶油，天然健康又滋養。

德國豬腳

選用豬後腿肉，用義式香料醃漬，先燉煮再烘烤，讓皮脆肉香，再配上店家自製酸菜，沾點黃芥末醬，美味絕倫。

台灣美食 餐廳大賞

吃遍人氣餐館49+

國家圖書館出版品預行編目(CIP)資料

臺灣美食餐廳大賞：吃遍人氣餐館 49 家 / 中衛發展中心，臺灣美食推動服務團隊作. -- 初版. -- 臺北市：橘子文化，2014.05
面； 公分
ISBN 978-986-6062-99-5(平裝)

1.餐飲業 2.餐廳 3.臺灣

483.8 103007410

作　　者 中衛發展中心 台灣美食推動服務團隊
地　　址 台北市中正區杭州南路一段 15-1 號 3 樓

發 行 人 谷家恆
總 編 輯 蘇錦夥
副總編輯 張維華
總 審 校 陳明禮
主　　編 李瓊瑤
文字採訪 徐詩淵
企劃編輯 陳聖林、趙子翔
責任編輯 台灣美食推動服務團隊
美術設計 王欽民
封面設計 劉旻旻

出版單位 橘子文化事業有限公司
設計印製 橘子文化事業有限公司
地　　址 106 台北市安和路 2 段 213 號 4 樓
電　　話 (02) 2377-4155

總 代 理 三友圖書有限公司
地　　址 106 台北市安和路 2 段 213 號 4 樓
電　　話 (02) 2377-4155
傳　　真 (02) 2377-4355
E － mail service@sanyau.com.tw
郵政劃撥 05844889 三友圖書有限公司

總 經 銷 大和書報圖書股份有限公司
地　　址 新北市新莊區五工五路 2 號
電　　話 (02) 8990-2588
傳　　真 (02) 2299-7900

初　　版 2014 年 5 月
定　　價 新台幣 380 元
ＩＳＢＮ 978-986-6062-99-5（平裝）